东篱子◎编著

中国華僑出版社

·北京·

图书在版编目 (CIP) 数据

布局九略 / 东篱子编著 .—北京：中国华侨出版社，
2005.6（2024.5 重印）
ISBN 978-7-80120-947-4

Ⅰ . 布… Ⅱ . 东… Ⅲ . 人生哲学—通俗读物
Ⅳ . B821-49

中国版本图书馆 CIP 数据核字（2005）第 026225 号

布局九略

编　　著：东篱子
责任编辑：唐崇杰
封面设计：胡椒书衣
经　　销：新华书店
开　　本：710 mm × 1000 mm　1/16 开　　印张：12　　字数：125 千字
印　　刷：三河市富华印刷包装有限公司
版　　次：2005 年 6 月第 1 版
印　　次：2024 年 5 月第 2 次印刷
书　　号：ISBN 978-7 -80120 -947 -4
定　　价：49.80 元

中国华侨出版社　北京市朝阳区西坝河东里 77 号楼底商 5 号　邮编：100028
发 行 部：（010）64443051　　　传　真：（010）64439708
网　　址：www.oveaschin.com　　　E-mail：oveaschin@sina.com

如果发现印装质量问题，影响阅读，请与印刷厂联系调换。

前　言

　　人生需要布局，官场、商场都需要布局。所谓布局，也就是以对局势的期望和判断为基础，对行为准则和行动步骤的谋划。布局的高手需要有洞悉时势的锐利眼光，抱负远大的志气雄心，果敢行动的勇气胆略，缜思善算的智慧匠心……大凡历史上功名显赫的政治家、军事家、谋略家，无不是独步一时的布局大师。

　　布局之术不可拘泥，要根据时与势的变化而变化。布局者有成、有败，在成败的转换中我们可以近距离地观察布局的精微玄妙之处。在中国历史上，以布局而名于世的人很多，概而言之，可分两大类：

　　第一是帝王之局。帝王身处九五之尊，其布局之术与其他人迥然不同。帝王布局，尤其是守成帝王布局的要点之一可概以一个"防"字，以不被将死为目的。帝王布局的另一个要点是"御"，以上使下使人效命，韩非子所提倡的御人术在这里派上了用场。这两个布局要点用得好的，若非雄主，亦为明君，如始皇帝、康熙即是。

　　第二是英才雄略之局。拯大厦将倾于既倒，慨然以匡扶天下为己任。这样的人往往具有雄才大略，具备优秀政治家、谋略家的所有素质。他们出则将，入则相，指点江山、激扬文字，一局既布，天下肃然。如曹操、诸葛亮等。

其实也没有必要把布局的方略看得过于玄妙，细心研究中国历史上布局大师的成功经历，你会发现还是有规律可循的。

一是以强布局。作为局面的操纵者纯以力量取胜。强者为我所用，强敌征而服之；

二是以动布局。在动局之中无论自己力量强弱，始终把握局势的主动权。能做到这一点殊为不易，所以能做到者必会脱颖而出；

三是以智布局。在艰危条件下布局你不能要求太高，于闪转腾挪中能找到立足点已属大智；

四是以变布局。布局者能以变应变，能使自己的局面立于不败之地；

五是以稳布局。大稳的局面已然形成，就不要再兴风作浪，能识时务的方为俊杰；

六是以细布局。能把心沉下来，抓住关键问题做全局的文章，这也是一种经天纬地的大本事；

七是以顺布局。顺局之中行顺应之道，顺局的方略一在明察，一在进退；

八是以巧布局。身处夹缝之中空间有限，怎么办？巧，也是一项行之有效的布局智慧——如果你具备这样天资的话；

九是以圆布局。通融达变，坚韧不拔而又包容一切，这是以圆布局者的主要特点。有了这样的法宝，无局不可布，无局不能成。

布局考校的是智慧、是胸怀和气度，这些对于我们普通人同样重要。今天我们领会、学习布局方略，就要尽力从这些方面锤炼自己、提高自己。当你能够以布局的心态和技巧经营人生和事业时，成功也就离你不远了。

目 录
CONTENTS

第九章 破 局 坚忍互用赢取人生大局面

第一章

胜　局

抓住局势胜负的关键

当你位居权力的峰顶，当你自信可以靠力量取胜，当你对操控全局有强烈的渴望，你就可以重拳出击，以不可阻挡之势席卷天下。强者为我所用，强敌，征而服之。强局以王者气势为底蕴，以驾驭别人的智慧为手段，以全局一统为依归。

当断则断，不断则乱

　　当布局者真正从后台走到前台，实施自己的布局理念时，一些代表既得利益的力量会尽其阻挠之能事。而且，这股力量有时候还很强大，弄不好会吞噬你的布局成果——甚至包括你本人。这时候进还是退？答案只有一个：一往无前！因为在强局的棋谱里，从来就没有后退这一招。

　　公元前238年，完全接受法家思想的秦王嬴政刚刚走上前台，所做的第一件事情，就是要将全部权力抓在自己手中，为此他必须摧毁两个权力集团，一个是以丞相吕不韦为首的官僚集团，一是以为嫪毐首的宫廷集团。

　　公元前238年四月，嬴政率领文武官员离开咸阳，前往雍城举行加冕大典。

　　加冕典礼刚刚举行完毕，从首都咸阳传来消息，信阳侯因为

嬴政派人调查其不法之事，心中恐惧，先发制人，用伪造的秦王御玺和太后玺调发县卒（地方部队）以及卫卒（宫廷卫队）、官骑（骑兵）等准备进攻蕲年宫作乱。

获知叛乱的消息，嬴政在众大臣面前显得异常沉着、冷静，他面无表情地听完报告，然后胸有成竹的命令相国昌平君及昌文君调发军队，前往咸阳镇压。实际上，这是一场嬴政早已料到的叛乱，一切他都已经有所安排。

平叛的战斗并不激烈，叛军不堪一击，在强大的秦军面前一触即溃，被斩首数百人，从这个数字也可以看出叛军人数不多。另外，从派去镇压平叛的将领也可以看出，年轻的嬴政根本就没有把放在眼里。这两个人，昌平君和昌文君，他们既非名将，又无突出的政绩，甚至连名字都没有留下。昌平君还有点事迹，宋代裴马因《史记集解》载："昌平君，楚之公子，（秦）立以为相。后徙于郢，项燕立为荆王，史失其名。"而"昌文君名亦不知也"。派去两个不知名的人便轻而易举地将叛乱镇压下去，反映出嬴政有别于众的用兵风格。

叛军被击败，秦王嬴政下令将和卫尉竭、内史肆、佐弋竭、中大夫令齐等二十人，全部枭首（斩首后将人头悬挂在高杆上示众），然后将尸体车裂。同时还"灭其宗"，将其家人满门抄斩。他们的舍人，最轻的处以鬼薪（为官府砍柴的刑罚），更多的人则被处以迁刑，共有四千多家被夺爵远徙蜀地的房陵（今湖北房县）。

对于太后，则不能用杀戮的办法，毕竟她是嬴政的亲生母亲。尽管嬴政不接受儒家思想，但提倡孝道并非儒家的"专利"，不过

太后确实让嬴政很难堪，心中难以饶恕，于是嬴政把太后迁出咸阳，令其往雍城居住。

收拾完，该来收拾吕不韦了。秦王嬴政十年（公元前 237 年），嬴政下令罢免了吕不韦的相国之职，接着又命令他离开咸阳到食邑地河南去居住。

由于吕不韦执政十几年，对秦国功劳很大，在各诸侯国中威望很高，所以到河南探望吕不韦的人士众多，"诸侯宾客使者相望于道"。得知吕不韦周围的情况后，秦王有些坐立不安了，他怕吕不韦会逃离秦国。那样的话，凭吕不韦现在的威信，联络各国反秦会给秦国带来危险的。思前想后，既不能派兵前往——出师无名，且易激变；又不便将吕不韦抓回咸阳——抓来也无法处刑，要处刑早就处了还用等到现在吗？最后，秦王想出一个好办法，他派人给吕不韦送去一封信，信中说："您对秦国有什么功劳呢？秦国封给您河南之地，食十万户；您与秦国有什么亲缘？却号称仲父。带着你的家人到蜀地去住吧。"看到这封信，吕不韦的心都快碎了。它不仅将其对异人、对秦国的功劳一笔勾销，而且暗含杀机。吕不韦知道嬴政的脾气，他不死，事不宁，迁徙到蜀地也是个受罪的命，干脆满足他算了。于是吕不韦饮毒酒自杀，成全了嬴政，时间是秦王嬴政十二年（公元前 235 年）。

至此，妨碍嬴政治国秉政的两大集团被彻底消灭。秦王嬴政在亲政后两年时间内，就为自己的统治扫清了道路，为自己的布局开了一个好头，并且迅速确立起他个人的威望。尽管手段极其残暴不仁，但是秦国人、秦国的大臣，尤其是秦国的武将们，看到了秦国统一的曙光，他们需要这样一个年轻有为、身体健康、处事果断、临阵不慌、能够对敌人无情打击且对统一战争怀有强烈的必胜信心的君主来领导他们消灭六国，结束历经上百年的统一战争，使自己的名字跟随着流芳百世。这一点，秦王嬴政没有让他们失望。

用人之道，不拘一格

　　用人直接关系到布局的胜败。强者布局多半是靠人才的力量赢得局势和优势，从而得天下的。因此，在任何时候都要重用对自己有用的人，是一项非常重要的布局方略。

　　尉缭，魏国大梁（今河南开封）人，姓失传，名缭，战国著名军事家。他是秦王嬴政十年（公元前 237 年）来到秦国的，此时秦王嬴政已亲秉朝纲，国内形势稳定，秦王正准备全力以赴开展对东方六国的最后一击。

　　当时的情况是，以秦国之力，消灭六国中的任何一个是不成问题的，但是六国要是联合起来共同对秦，情况就难料了。所以摆在秦王面前的棘手问题是，如何能使六国不再"合纵"，让秦军以千钧之势，迅速制服六国，统一天下，避免过多的纠缠，消耗国力。离间东方国家，虽然是秦国的传统做法，而且李斯等人正

在从事着这项工作，但是采用什么方法更为有利，则仍是一个很棘手的问题。消灭六国，统一中国，是历史上从未有人干过的事情，年轻的秦王嬴政深知这一点，他不想打无准备之仗。

另外，当时秦国还有一个非常严峻的问题，就是战将如云，猛将成群，而真正谙熟军事理论的军事家却没有。靠谁去指挥这些只善拼杀的战将呢？如何在战略上把握全局，制定出整体的进攻计划呢？这是秦王非常关心的问题。他自己出身于王室，虽工于心计，讲求政治谋略，但没有打过仗，缺乏带兵的经验。李斯等文臣也是主意多，实干少，真要上战场，真刀真枪地搏杀，一个个就都没用了。

尉缭一到秦国，就向秦王献上一计，他说："以秦国的强大，诸侯好比是郡县之君，我所担心的就是诸侯'合纵'，他们联合起来出其不意，这就是智伯（春秋晋国的权臣，后被韩、赵、魏等几家大夫攻灭）、夫差（春秋末吴王，后为越王勾践所杀）、王（战国齐王，后因燕、赵、魏、秦等联合破齐而亡）之所以灭亡的原因。希望大王不要爱惜财物，用它们去贿赂各国的权臣，以扰乱他们的谋略，这样不过损失三十万金，而诸侯则可以尽数消灭了。"一番话正好说到秦王最担心的问题上，秦王觉得此人不一般，正是自己千方百计要寻求的人，于是就对他言听计从。不仅如此，为了显示恩宠，秦王还让尉缭享受同自己一样的衣服饮食，每次见到他，总是表现得很谦卑。

尉缭不愧为军事家，不仅能够把握战局，制定出奇制胜的战略方针，而且还能透彻地认识人、分析人。经过与秦王嬴政不长

时间的接触，他便得出了秦王"缺少恩德，心似虎狼；在困境中可以谦卑待人，得志于天下以后就会轻易吞食人"，"假使秦王得志于天下，那么天下之人都会变成他的奴婢，决不可与他相处过久"的结论。

这是嬴政自出生以来，第一次被人公开道出他的性格本质，第一次有人这样评论他，而且切中要害，句句是真。从后来统一天下之后嬴政的所作所为来看，与尉缭所言毫无二致。

尉缭认清了秦王嬴政的本质，便萌生离去之心，不愿再辅助秦王，并且说走就走，真的跑了。幸好秦王发现得快，立即将其追回。国家正在用人之际，像尉缭这样的军事家如何能让他走？于是，秦王嬴政发挥他爱才、识才和善于用才的特长，想方设法将尉缭留住，并一下子把他提升到国尉的高位之上，掌管全国的军队，主持全面军事，所以被称为"尉缭"。

现在，心存余悸的尉缭不好意思再生去意了，只好死心踏地地为秦王出谋划策，为秦的统一做贡献。

在具体的战术上，尉缭还实践了当时最先进的方法，如在列阵方面，他提出：士卒"有内向，有外向；有立阵，有坐阵"。这样的阵法，错落有致，便于指挥。这一点在今人能见到的秦始皇陵兵马俑坑中可以得到证明。

当然，作为与嬴政不同的人，尉缭对战争的具体行为有他自己的看法，他认为：军队不应进攻无过之城，不能杀戮无罪之人。凡是杀害他人父兄，抢夺他人财物，将他人子女掠为奴仆的，都是大盗的行径。他希望战争对社会造成的危害越小越好，甚至

提出：军队所过之处，农民不离其田业，商贾不离其店铺，官吏不离其府衙。另外他还希望靠道义、靠民意来取得战争的胜利，等等。

这些主张与秦王嬴政的思想显然是矛盾的。所以，在统一战争的具体进行过程中，秦王与尉缭会不止一次地发生冲突，在具体的战役中，秦王不让尉缭参与，而是亲令受其思想影响严重的秦军将领们依照秦国一贯的残暴手段打击六国。所以秦军将领们在统一过程中个个都留下了"美名"，如王翦、王贲、李信、蒙武、杨端和、内史腾、辛胜等，而身为国尉、执掌全国军队的尉缭却在此时出现空白。

对于尉缭的态度正显示出秦王的高明：你不是有奇能吗？我就千方百计把你留下来；你不是有不同意见吗？使用你时我就特别注意不让这些不同意见对我的整体布局思路带来不利影响。如此一来，手下所有能人的优势就汇聚成全局的胜势。

要勇于放下强者的架子

以强势布局但不能以强力待人，对能为大局服务的能人更应为此。有的人明明有求于人，可偏要摆出一副拒人于千里之外的架势，实际上这是高度不自信、以"样子"给自己壮威。嬴政不同，只要能让他的强局继续布下去，他随时准备弯腰低头。

秦王嬴政二十一年（公元前226年），在灭亡韩、赵、魏，迫走燕王，多次打败楚国军队之后，秦王嬴政决定攻取楚国。发兵前夕，秦王嬴政与众将商议派多少军队入楚作战。青年将领李信声称：不过用二十万人。而老将王翦则坚持：非六十万人不可。李信曾轻骑追击燕军，迫使燕王喜杀死派荆轲入秦行刺的太子丹，一解秦王心头之恨，颇得秦王赏识。听了二人的话，秦王嬴政认为王翦年老胆怯，李信年少壮勇，便决定派李信与蒙武率领二十万人攻楚。王翦心中不快，遂借口有病，告老归乡，回到频阳。

秦王嬴政二十二年（公元前 225 年），李信、蒙武攻入楚地，先胜后败，"亡七都尉"（《史记·王翦列传》），损失惨重。楚军随后追击，直逼秦境，威胁秦国。秦王嬴政闻讯大怒，但也无计可施，此时他才相信王翦的话是符合实际的。但王翦已不在朝中，于是秦王嬴政亲往频阳，请求王翦重新"出山"。他对王翦道歉说："寡人未能听从老将军的话，错用李信，果然使秦军受辱。现在听说楚兵一天天向西逼近，将军虽然有病，难道愿意丢弃寡人而不顾吗？"言辞恳切，出于帝王之口，实属不易。但是王翦依然气愤不平，说："老臣体弱多病，脑筋糊涂，希望大王另外挑选一名贤将。"秦王嬴政再次诚恳道歉，并软中有硬地说："此事已经确定，请将军不要再推托了。"王翦见此，便不再推辞，说："大王一定用臣，非六十万人不可。"秦王嬴政见王翦答应出征，立刻高兴地说："一切听凭将军的安排。"

秦王嬴政二十三年（公元前 224 年），秦王嬴政尽起全国精兵，共六十万，交由王翦率领，对楚国进行最后一战。他把希望全部寄托在王翦身上，亲自将王翦送至灞上，这是统一战争中任何一位将领都未曾得到过的荣誉。嬴政与众不同的性格再次显露出来，他知错就改、用人不疑的品性，使他再次赢得了部下的信任，肯为之卖命。

受到秦王如此信任和厚爱，对荣辱早已不惊的王翦丝毫没有飘飘然之感，他知道，秦国的精锐都已被他带出来了，而如果得不到秦王的彻底信任，消除他的不必要的顾虑，自己在前方是无法打胜仗的，而且他本人和全家乃至整个家族的命运都不会有一

个完美的结局。所以,当与秦王分手时,王翦向秦王"请美田宅园甚众"。对此,秦王尚不明白,他问:"将军放心去吧,何必忧愁会贫困呢?"王翦回答:"作为大王的将军,有功终不得封侯,所以趁着大王亲近臣时,及时求赐些园池土地以作为子孙的产业。"秦王听后,大笑不止,满口答应。大军开往边境关口的途中,王翦又五度遣人回都,求赐良田。对此,秦王一一满足。有人对王翦说:"将军的请求也太过分了吧!"王翦回答:"不然!秦王粗暴且不轻易相信人。如今倾尽秦国的甲士,全数交付我指挥,我不多请求些田宅作为子孙的产业以示无反叛之心,难道还要坐等秦王来对我生疑吗?"

王翦不仅会用兵,而且深知为臣之道,他摸透了秦王嬴政的为人品性,所以采取了"以进为退"的策略,以消除秦王对自己可能的怀疑之心。同时,从王翦的话语中可以看出,秦国的制度是十分严密的,王翦率领全部精锐远出作战,不仅不敢生反叛之心,反而一而再、再而三地向秦王表示不反之心。不是不生,而是不能也。秦国严密的维护君权的制度,使得任何人不敢造次。

王翦不负重托,经过一年的苦战终于灭亡了楚国。

从对王翦在灭楚问题上前后态度的变化,显示了秦王嬴政所具备的非凡的布局以及操纵局面的才能。这种素质和才能不是每一个人都具备的,也不是每一位君主或最高领导人所能够具备的,它们是秦王嬴政得以实现统一中国目标的基本保证。所以秦始皇能够灭六国、统一中国不是偶然的。

闻过则改是强者本色

一个"强"字，往往意味着成功的结果，但体现不出成功的过程。那些惯于突破人生局限获得大胜的人必然要能挑战自己的弱点改正自己的弱点。

秦王嬴政亲政后不久，他做过一件非常糊涂的事情，这就是他下达了一道违反秦国传统做法和其本人执政方针的命令——"逐客令"，欲将六国在秦任职的客卿全部赶走。不过，在李斯的劝谏下秦王嬴政最终撤销了此命令，没有对操纵各诸侯国的统一大业造成危害。

是什么原因使得嬴政一反常态，改变了秦国长期奉行的人才引进政策而下达这项命令呢？原来是东方国家对秦国施行反间计的结果。

战国七雄中韩国实力最为弱小，又紧邻秦国，是秦国进行统

一战争的首选目标。韩国国君安实在不愿意轻易将祖宗传下来的"锦绣江山"拱手让人，于是便把当时著名的水利专家郑国找来，让他肩负间谍的使命西入秦国，游说秦王兴修水利，企图以此消耗秦的国力，转移秦国的注意力，改变韩国行将灭亡的可悲命运。

秦王嬴政十年（公元前 237 年），嬴政亲政第二年，郑国来到秦国，欲替垂死的韩国尽一点力量。在政治上已经稳固住自己地位的嬴政正想为秦国的经济发展做些事情，听了郑国的计划，觉得对秦国有利，于是立即征发百姓，由郑国主持在关中东部兴修一条引泾水东注洛河的水渠。

郑国主持修建的这条水渠，计划全长三百多公里，建成后可以溉田四万多顷，工程浩大，确实会占用秦国不少人力、物力，但关中河道则可以改造得更加合理，水渠建成后遍布关中的咸卤地将会变成良田耕地，所以秦王嬴政即便没有识破韩王安的计谋，他所做出的这项决策也没有错。这项决定也符合秦国一贯的重农政策。

只是韩王安低估了秦国的综合实力。尽管秦国投入了大量的人力、物力兴修这条水渠，但是丝毫也没有影响到秦军的东攻计划。而且，当时在秦国兴修的大规模土木工程并不止此一项，譬如秦王嬴政的陵墓就在修建中，这项规模巨大的工程一直到秦始皇死时都没有完成，它常年用工在十几万甚至更多。

夜长梦多，最后，韩王安的阴谋终于让嬴政发现了，不善制怒的嬴政暴跳如雷，立即命人将郑国抓来，要问刑处死。嬴政气得发昏，朝中一帮长期不受重用的宗室大臣们觉察出这是一个难

得的重秉朝政的好机会。因为，长期以来，秦国一直坚持"客卿"政策——至少欲有所作为的秦国君主都施行此政策——重用东方有才之士，或委以重任高位，或任为客卿随时谘问，宗室贵族在政治上都没有过高的地位，本国官吏若无大才也只能充任一般职务，掌不了大权。这项制度是秦国自商鞅变法以后长期保持勃勃生机的重要原因，也是秦国最终统一六国的政治保证之一。

看到秦王怒气冲天，宗室大臣们乘机进言，称："各诸侯国来秦国谋事的人，大抵都是为了他们各自的君主而游说秦国、做间谍的，请您务必将他们全部驱逐出境。"年轻气盛的嬴政犯了急躁的毛病，没有冷静地思考，便糊里糊涂地接受了这个建议，立即下达了"逐客令"。

李斯的名字被列在驱逐的名单之中。"逐客令"一下，秦兵立即堵在各宾客的家门口，不许申诉，押送他们即刻离都。在被秦兵押解出境的途中，李斯乘隙写成一部劝谏书，并设法请人送入宫中，向秦王进谏。

秦王嬴政读过李斯的上书，马上明白自己错了，他赶忙下令收回"逐客令"，并派人从速追回李斯，让他官复原职。

嬴政这种知错就改、见贤求教的特点，是其成为中国最杰出的"英雄"人物之一的基础，也是他布局能力的重要表现。

现在，李斯在秦王的脑海中再也抹不掉了。秦王为自己这个时代秦国又有了一个不可多得的人才而兴奋不已，也为自己因一时之气而险些将秦国推入不测之地而深感后怕。因此，秦王对李斯言听计从。李斯则平步青云，很快官至廷尉，执掌刑狱，并且

在秦朝建立后不久升任为丞相。

"逐客令"撤销了，而对于那个险些使秦王铸成大错的韩国水利专家郑国，秦王嬴政仍不依不饶，非欲处死以泄其恨不可。幸好，郑国也是一个善辩之徒，他对秦王说：此渠修成后，对秦国具有万世之利，关中许多不毛之地将辟为沃野。已经头脑冷静的秦王一听，觉得有理，于是不再加罪，命令郑国继续主持工程。经过数年的艰辛，水渠终于建成，从此关中瘠薄之地变成膏腴良田，灾荒减少，秦国的经济实力进一步提高，直至最终平灭东方六国。

对于布局者而言，能闻过、知过后立即改正，不让错误延续下去对大局造成更大的伤害，实在是一种强者风范，更是一种智者胸怀。

第二章

动　局

掌握动荡局势的主动权

乱世之中，局势波动不止。此时，布局者不容易看清方向，也不容易把握机会，以保全和发展力量。所以动局极不容易布得好。曹操恰是一个善布动局的高手，他能在动荡之中摸清事物发展的"不动"规律，始终牢牢地把主动权掌握在自己手中。不管身处劣势还是优势，坚持由自己来布局，自己来收局，终于从群雄并起的局面中布出一盘好局，杀出一条血路。

从结交开始布好人生第一局

　　一个人的声誉在某种程度上影响着他的升迁与发展。因此，每个想有所发展的人，都无不为树立自己的声誉而费尽心思。俗话说，近朱者赤，近墨者黑，当"无名鼠辈"要成为成功人士时，掌握"亲近法"当是一个重要途径。

　　曹操就是这样做的。

　　汉代用人，非常重视舆论的评价，其取用的标准，主要是依据地方上的评议亦即所谓清议，实际上就是一种舆论方面的鉴定。士子们为了取得清议的赞誉，就不能不进行广泛的社交活动，寻师访友，以展示并提高自己的才学和声名，博取人们的注意和好感。特别注意博取清议权威的赞誉，以致有些清议权威终日宾客盈门，甚至还出现了求名者不远千里而至的情况。曹操对于这种形势，有着极为清醒的认识，因此他特别注意结交名士，竭力争

取他们的支持。

在这一方面曹操主要通过两种途径。一是对一些年轻的名士就与之结交为朋友；二是对一些年长的名士就向他们求教。这样有利于争取名士对自己的了解和帮助，借以提高自己的名声，扩大自己的影响，他知道自己的宦官家庭出身，为广大士人所蔑视，因而很注意树立自己不与宦官腐朽势力同流合污的形象。

曹操在少年时就与袁绍相交，但两个人之间总一些隔阂。及至袁绍、袁术的母亲死后归葬汝南时，曹操还是不计前嫌同他的好朋友一起前往吊唁，王也很赞许曹操，认为他有治世的才能。

袁家是世代做高官的名门望族。这次葬礼举行得非常隆重，参加的人达三万多，搞得很奢侈，耗费了大量的钱财。曹操见此情景感慨万分。他私下对袁绍、袁术十分不满，对王说："天下将要大乱，倡乱的罪魁祸首肯定是这两个人。要想安济天下，为百姓解除痛苦，不除掉这两个人是不行的。"王也很有感触地说："我赞同你的说法，能够安济天下的人，除了你还有谁呢？"说罢，二人对笑起来。

在王避居荆州武陵，官渡之战时，王曾劝刘表与曹操联合，刘表不从。曹操下荆州时，王已死，曹操将其改葬江陵。

颖川李瓒是"党人"领袖李膺之子，后来做过东平国相（如同郡守）。曹操同他交往，彼此了解很深。李瓒非常赞赏曹操的才能，临终时对儿子李宣说："国家将要大乱，天下英雄没有一个人能超过曹操的，张孟卓（张邈）是我的朋友，袁本初（袁绍）是你的外亲，虽然如此，你也不要去依附他们，一定要去投靠曹操。"

后来李瓒的几个儿子遵从父命，在乱世中果然保全了性命。

南阳何，字伯求，年轻时游学洛阳，与郭泰、贾彪等太学生首领交好，很有名气。好友卢伟高父亲临终时，何前去问候，得知其父有仇未报，便帮助卢伟高复了仇，并将仇人的头拿来在他父亲墓前祭奠，很是侠义。

何和大官僚士大夫"党人"陈蕃、李膺相好。陈蕃、李膺被宦官杀害后，何也受了牵连，在被拘捕之列，于是他变易姓名逃到汝南躲了起来。袁绍慕其名，私下与其交往。何经常潜入洛阳与袁绍计议，解救"党人"。

曹操在这期间也同何交往，谈孔学，论百家，说《诗经》，讲兵法，头头是道。分析评论现实的派别斗争、党锢之祸，很有见地。表现了学识渊博而且有济世之才。何私下对别人说："汉家将要灭亡，能够安天下的，必定是这个人了。"曹操听到后，非常感激。

此后，曹操在士人中的名声就更大了。

曹操的崛起和他善于结交天下名士的做法是密切相关的。可以说，曹操以结交名士开始布下的人生第一局十分成功，这为他后面施展布大局的才能提供了基本条件。

学会掌握伸与屈的分寸

以屈求伸，并不意味着败，而是力量薄弱，身处逆境中的竞胜之道。古往今来，无论取得了多大成就的人，很少能总是高高在上，颐指气使，每个人都有他屈身的时候。就屈身而言，有的人只对他的荣辱成败起决定作用的少数人屈身，有的人则可能向大众利益屈身。从社会现实来看，人们可以钦佩或鄙夷某一种"屈身"行为，但是不同的"屈身"行为，确实是决定人们是否能够有所作为或取得成就的一个关键因素。

献帝兴平二年（公元195年），献帝正式任命曹操为兖州牧。这时，由于曹操没有地盘，便只好做英雄屈身之举。他在准备起事的过程中须争取陈留太守张邈的帮助，起兵后在给养等方面也须仰仗张邈的接济，因此在起兵之初曹操对张邈屈身以事之，并主动接受张邈的节制。不久，曹操随张邈来到酸枣前线，代理奋武将军之职。

　　和后来成大事的其他人一样，曹操一方面屈身于张邈，受他的领导和节制，另一方面也在乘机积蓄自己的实力，以为后来开辟自己的天下创造条件。

　　曹操前往酸枣途经中牟时，该县主簿任峻率众前来投附。曹操非常高兴，任命他为骑都尉，并将自己的堂妹嫁给了他。

　　骑都尉鲍信和他的弟弟鲍韬也在这时起兵响应曹操。鲍信是个颇有见识的人，董卓刚到洛阳时，他就劝袁绍说："董卓拥有强兵，心怀不轨，如不早想办法对付，将会被他控制。应当乘他新到疲劳的机会，发兵袭击，可一举将其擒获。"但袁绍畏惧董卓，不敢发兵。鲍信见袁绍不能成事，便回到家乡泰山，招募了步兵二万，骑兵七百，辎重五千乘。曹操刚在己吾起兵，鲍信便起兵响应，同时来到酸枣前线。曹操和袁绍推荐鲍信为破虏将军，鲍韬为裨将军。当时袁绍的势力最大，不少人趋奉他，独鲍信对曹操说：

　　"有大谋略的人在世上找不到第二个，能统率大家拨乱反正的，只有您一个人。而那些刚愎自用的人，即使一时强大，最后也是要失败的。"

　　于是同曹操倾心交往，曹操从此也把他当作知己看待。

　　当然，曹操对他所"屈身"的人也不是不尽心负责。当他看见各路义军十余万人，每日只是宴饮作乐，不思进取，感到非常愤慨，忍不住加以指责，并就诸军如何调动安排谈了自己的建议，他说：

"渤海太守袁绍率领河内的军队驻守孟津，酸枣诸将驻守成皋、敖仓、太谷，袁术率领南阳的军队驻守丹水和析县，并开进武关以震慑三辅地区。大家深沟高垒，不同敌兵交战，多虚设疑兵，以显示天下群起而攻之的形势。以正义之师讨伐叛逆之敌，天下很快就可以平定。现在大家以讨伐董卓的名义起兵，如果心怀疑虑不敢进兵，会使天下的人感到失望。我实在为大家的举动感到羞耻！"

孟津、成皋、敖仓、太谷、丹水、析县、武关大都是形势险要，历来兵家必争之地。在这些地方驻兵，不仅可以对洛阳形成半包围的态势，而且还可以震慑三辅，动摇驻守长安的西北军的军心。这是一个可以遏制敌人，进而寻找战机、打败敌人的方略。而且，这个方略只要求布为疑兵，并不马上出击，在一定程度上也照顾到了关东诸军企图按兵不动、保守实力的心理。因此，在当时的条件下施行这个方略应当说是切实可行的。但是，曹操虽然晓之以理，动之以情，甚至到了言辞激切、义形于色的地步，张邈等人还是我行我素，对曹操的建议置若罔闻，不予理睬。

但是，英雄终究不能久居人下，其志向、所走之途径也不可能完全一致，当曹操在汴水失利、招募兵员，重新建立起自己的武装队伍而北归后，不再返回酸枣，而是渡过黄河，赶到河内，同驻扎在那里的联军盟主袁绍接触，企图对袁绍施加影响，使局面改观。但结果仍令人失望，他在许多问题上也常常不能同袁绍取得一致，甚至完全针锋相对。

所以当袁绍私下派人说服曹操让其归附他时，曹操也不置可

否，后来，随着袁绍乘机发展个人势力，曹操更加坚定了自己的想法和加快发展个人实力的步伐。以后同袁绍的关系则更是若即若离，到曹操迎天子于许都，袁绍由曹操的"上级"变为了他的"下级"时，曹操鉴于自己的实力，也还没有和袁绍闹翻，直到建安四年（公元199年）的官渡之战前，双方才成为"两虎相斗"的"对头"。

曹操的特点是该站出来时即能挺身而出，该屈居人下时也毫不犹豫，并且绝不扭捏作态。还有一点，曹操之"屈"不是一屈到底，而是屈中带刚，即使屈身于人，也能赢得人家的尊重。

绝不与貌似强大的人合作

我们说动荡之中好局难布，是因为动荡之中形势始终处于变化的状态之中。就个人而言，选择一个强大的合作者作为倚靠无疑可以给自己的人生之局提供一个有力的支点。但是动局之中强者未必真强，弱者未必真弱，强弱之间瞬息转换，如分辨不清反倒自取其祸。

董卓在控制献帝，权利炙手可热的时候，想笼络曹操，这对曹操的选择就是一个考验。董卓对曹操的才干，久有所闻，他任命曹操为骁骑校尉，并与其共商大事，想把曹操收为心腹。但曹操对董卓的为人是了解的，先前他反对召外将进京，就是看到了董卓是一个缺乏政治头脑又有政治野心的人。董卓到洛阳后的所作所为，曹操更是亲眼所见，他料定董卓无非是逞一时之势，终将要落得众叛亲离，归于失败的下场。像董卓这样的人，不仅不

能与其同流合污，而且要创造条件打败他。于是，曹操在这年的九月，偷偷地离开洛阳，走上了公开反对董卓的道路。

曹操不受董卓之的笼络，一是他有远见，料定董卓之辈只能得势一时。二是他有大的抱负，不是轻易地被人看重和使用的问题，而是怎样才能有朝一日使用别人。

中平四年（公元187年）曹操采取以退为进的策略，以有病为由，辞去了朝廷任命他为东郡太守的官职，在家闲居。然而以他的声望、人品和才华，是难以让他清静的。一年以后，冀州刺史王芬就派人拿着密信找到了他，原来，冀州刺史王芬联合策士许攸、陈蕃的儿子陈逸、道教法师襄楷、沛国人周族等，密谋政变，打算趁汉灵帝北巡河间（今河北献县东南）旧宅之机，用武力挟持灵帝，诛除宦官，为陈蕃等人报仇。然后，废掉灵帝，另立合肥侯为帝。他们决定拉曹操入伙。因为曹操有正义感，有号召力。所以派人给曹操送来了密信。

曹操读罢密信后，心情很不平静。他仔细考虑之后，觉得此事不妥，给王芬等人回信明确表示反对。

曹操从当时主客观条件上来说，王芬等人确实不具备像当年商朝掌权者伊尹放逐太甲、西汉大将军霍光废立昌邑王刘贺的情势，想取得成功是不可能的。

王芬等人是由地方发动的政变，无法一开始便控制朝政，就是一时取得成功，也容易受到中央集合力量的围剿。像西汉景帝时的吴、楚七国之乱那样大的规模最后都失败了。王芬等人以一个冀州之地，想搞成这样一件大事，当然是属于轻举妄动的冒险

行为。

后来事态的发展，果然如同曹操所料，王芬非但没有取得成功，反而落了个举家自杀的结局。

袁绍是继董卓、王芬之后又一个想拉拢曹操入伙的人。

初平元年（公元190年）袁绍为了有利于发展自己的势力，以献帝年幼，又被董卓所困，关山阻塞，不知是否还活着为由，同冀州牧韩馥一起谋立幽州牧刘虞为帝，并私刻了皇帝的金印，派毕瑜去见刘虞，劝他称帝，并说这是上天的意旨。同时前来征求曹操的意见，企图获得曹操的支持。曹操问明来意，明确表示反对，说：

"董卓的罪行，国人尽知。我们会合大众，兴举义兵，远近无不响应，这是因为我们的行动是正义的。现在皇帝年纪幼小，被奸臣董卓控制着，还没有像昌邑王那样的破坏汉家制度的过错，一旦加以废除，天下有谁能够心安呢？诸君北面，我自西面！"

古代皇帝面南而坐，臣僚面北朝见皇帝。刘虞是幽州牧，幽州又刚好在北方，因此这里的"北面"语含双关。"西面"，指向西讨伐董卓，迎回献帝。诸君自去向刘虞称臣，我自去西讨董卓，表现了曹操同袁绍等人分道扬镳的决心。董卓暴行令人发指，国人共愤，讨伐董卓确实是人心所向，应当全力以赴。献帝虽然毫无建树，但他毕竟是国家的象征，又被董卓挟持着，如果一旦废掉，另行易人，必然造成更大的混乱，局面将更加难于收拾。所以曹操的意见，不仅表现了他的胆识，也是从大局着眼的。

东汉时谶纬迷信盛行，一些人利用谶纬大造符瑞，妄测吉凶，甚至以此证明某某得到天命，应当即位登基。袁绍、韩馥也玩弄了这套把戏。当时刚好有四颗星星在属二十八宿的箕宿和尾宿之间汇聚。古代星象家把天象和地面上的一些地方相配合，叫分野，箕、尾的分野刚好是燕地，即幽州。于是韩馥说神人将在燕地产生，实际是说刘虞应当称帝。又说济阴有一个男子叫王定的得到一块玉印，印上刻着"虞为天子"四个字。一次，袁绍得到一块玉印，因当时只有皇帝的印才能用玉制作，袁绍认为奇货可居，就故意拿到曹操面前炫耀，谁知曹操不以为然，大笑着说：

"我不相信你这一套！"

袁绍感到大煞风景。袁绍见曹操不听自己摆布，很不满意，于是私下派人去见曹操，企图说服曹操归附自己。来人见了曹操，说：

"现在袁公势力正盛，兵力最强，两个儿子也已经长大成人。天下英雄，有谁能够超过袁公呢？"

曹操听了，没有吭声。但从此对袁绍更加心怀不满，并产生了伺机消灭袁绍的想法。

由此不难看出，曹操对待拉拢他的人的对策是不同的。

以开阔的胸襟接纳尽量多的人

大局凭众人智慧而布成。历史上几乎没有一个成就大业的人不是能够尽揽天下英才为我所用的人，又几乎没有一个能够"任天下之智力"的豪杰不是胸怀博大，气度恢宏的人。

曹操的跃马扬鞭，往来驰骋，并不是一个"天马行空独往独来"的"独骋图"，而是在他麾下有着一个千军万马，山呼海啸的群英谱。这一壮阔的场面来源之一就是曹操的博大胸襟。

他的"山不厌高，海不厌深，周公吐哺，天下归心"，表达了他为实现理想要延揽天下人杰的思想：山不嫌弃尘土乱石才称其为高，海不嫌弃涓涓细流才称其为深，我只有像周公那样，"一沐三捉发，一饭三吐哺，起以待士，犹恐失天下之贤人"，才能把天下人统一在我的麾下。历史上的曹操，正是从一兵一卒抓起，从一官一吏用起，用了十九年的时间，将长江以北的混乱局面扭转

过来，实现了中国大半个版图的统一。

看曹操用人，当首先看他的气度。

曹操政治抱负宏大，用人气度不凡，在他与袁绍起兵的对话中，就充分表现出来了。"初绍与公共起兵，绍问公曰：'若事不辑，则方面何所可据？'公曰：'足下意以何如？'绍曰：'吾南据河，北阻燕、代，兼戎狄之众，南向以争天下，庶可以济乎？'公曰："吾任天下之智力，以道御之，无所不可"。

任天下之智力，争天下之归心，曹操的理想是将刘备和孙权收服。

刘备是一个反复无常的人。他在迫不得已的情况下投靠了曹操，曹操的谋士主张杀掉刘备，荀彧入谏曰："刘备，英雄也，今不早图，后必为患。"曹操不答，彧出，郭嘉入。操曰："荀彧劝我杀玄德，当如何？"嘉曰："不可，主公兴义兵，为百姓除暴，惟仗信义以招俊杰，犹惧其不来也，今玄德素有英雄之名，以困穷而来投，若杀之，是害贤也。天下智谋之士，闻而自疑，将裹足不前，主公谁与定天下乎？夫除一人之息，以阻四海之望。安危之机，不可不察。"

曹操认为郭嘉说的有理，并认为刘备是个难得的人才，因此对刘备十分敬重，"出则同舆，坐则同席"总想把他纳入自己的营垒。刘备不甘在曹操之下，表面上应付着曹操，实际上另有己图。他与曹操翻脸后，一次被曹兵打得大败，妻子和大将关羽都被生俘。在这前后，曹操的谋士程昱、郭嘉等，几次提醒趁机杀掉刘备，可曹操的回答只是一句话："方今收英雄时也，杀一人而失天下心，

不可。"明知刘备是劲敌，也有机会杀他，但只要有一丝争取的希望，也不肯下手，这是何等的气量！唯恐杀一，丢掉一片，这又是多么的高明！

孙权是三国时吴国的统治者，他比曹操晚生 27 年，当是曹操的后辈。曹操从公元 190 年起兵，到 208 年挥师南下，整整 19 年，几乎是大战必胜。没料到在大功眼看告成时，因遇到孙权等人的顽强抵抗而惨败于赤壁。这一败，使曹操要达到的政治目标成了泡影，也使他看到了虎虎有生的新的一代领袖人物。"生子当如孙仲谋"。曹操在后期，不止一次地发出过这样的感叹，并采取过多种措施，想把孙权拉过来。他让阮为他起草的《与孙权书》，完全是站在平等立场上讲话，从"百姓保安全之福"，孙权也可为天下一统作出更大贡献的高度，劝导孙权与他合作。在曹操的殷殷招纳和刘备的夹击之下，孙权终于做出了称臣的表示，如果不是曹操在这种情况下突然死去，他把孙权争取过来是大有可能的。那样，三国的历史，就会以一老一少两位政治家的握手，大江南北的统一而改写。

三国之主都能用人，但只有曹操想着把另外两主用起来。孙权作为后生，对曹操的用人，佩服得五体投地，他说："至于御将，古之少有，比之于操，万不及也"。对他来说，保江东是大局，不可能产生如何用曹操的念头。刘备是曹操的同辈，在曹操设法团结他时，他想的只是如何钻曹操的空子，捣曹操的鬼，也没有敢用曹操的奢望。一般来说，在同样的客观条件下，用人的气度与取得的业绩是成正比的。天下三分，曹操得二，刘备和孙权各

偏安一隅，绝非偶然。

任天下之智力，争天下之归心，最值称道的，还是曹操正确对待反对自己的人，善于将对自己不利的人心，凝聚为对己有利的力量。曹操起兵时，只有本家族的几个兄弟和侄子作骨干，七拼八凑，不足四千兵马。他想任刘备未获成功，但在任其他优秀人才上却收到了奇效，这样就使他在短短的几年内，造就了"谋士如云，战将如林"的庞大队伍。荀彧和郭嘉，是三国时大名鼎鼎的智囊人物，都曾是袁绍的幕僚。"度绍终不能成大业，"率先弃袁投曹，曹操得荀彧，高兴地称他是"吾子房也"。郭嘉看透了袁绍"未知用人之机"，也跑到曹操营垒，曹操喜而赞之："真吾主也"。官渡大战时，沮授、田丰、许攸都是袁绍的重要谋士，张郃、高览都是袁绍的大将，除田丰被袁绍忌杀外，都临阵投降了曹操。

曹操对待投降过来的人，一不计前嫌，二不试试看，与自己原班人马一视同仁，量才放手而用，得益甚大，即使对那些降而复变或叛己投敌又被捉到的人，也千方百计再争取过来。魏种原是曹操的故旧好友，兖州战役曹操败绩，投敌叛曹的人很多，曹操说："惟魏种不弃孤也"。没想到，魏种也逃叛而去，这真是大伤了曹操的脸面。不久，将魏种捉到，有人说，把他杀了算了。曹操思量再三，"唯其才也"，还是"释其缚而用之"。如此对待魏种，感召了其他叛逃的人，纷纷自动返回。官渡胜利后，下属搜集到本营中一些人给袁绍写的欲降信，问曹操如何处理。曹操连看都不看，把信都烧了，他说：在大战时我自己还有丧失信心

的时候呢，更不用说别人了。"公收绍书中，得许下及军中人书，皆焚之。"曹操这一把火，不知将多少人对曹操动摇的心，烧炼为对他的忠诚。对曹操和袁绍都很了解的杨阜，称曹操"能用度外之人"，真是一点不假。

诸葛亮说，"曹操比于袁绍，则名微而众寡，然操遂能克绍，以弱胜强者，非惟天时，抑亦人谋也。"

第三章

智 局

跌宕中确保自己的立足点

虽然局面大势未定，但如果有强者占住了最好的位置，那么后来者就很难再有立足之地。智者之智，就在于他能在混乱中看清局势，于竞争中找到机会，并以独到的布局智慧，闪转腾挪中确保自己的立足点。

对局势了然于胸

　　一个人光有大志还不行，还得要有本事，没有点真本事，弱者不会趋附你，强者不会起用你，就连想树个敌人恐怕都不容易，因为别人根本不把你放在眼里。要想操纵乱局，安民济世，还得先磨炼点本事。有了本事，就有人喜欢，诸葛亮青史留名，首先就是因为他布局之前有洞悉局势的本事。

　　在茅庐之中，诸葛亮对前来相邀的刘备详细分析了他眼里的大局。

　　首先从指导思想讲起。他指出群雄混战的基本经验，是依靠"人谋"取胜。当初比较弱小的割据势力，依靠自身努力强大起来，原先强大的反而失败了。袁、曹之争是其中最大、最典型的事件，曹操转弱为强的经验值得借鉴。他回顾说：

　　"自从董卓以来，豪杰并起，跨州连郡的，数不胜数。曹操

比起袁绍，名望低微，实力弱小，然而终于击破袁绍，转弱为强，这原因不只是天时，也是人谋。"刘备于是想到了自己，过去人谋不力，今后事业有成，也要看人谋。

指导思想明确后，接下来谈刘备借鉴曹操经验，改进战争指导。诸葛亮考察刘备的战略环境，畅谈天下大势。这时中国境内除了刘备以外，还存在六股势力：北方的曹操、韩遂马超、公孙渊，南方的孙权、刘璋、张鲁。诸葛亮作了这样的估计：曹操和孙权，将生存下来，其他都将灭亡。刘备也有条件生存下来，同曹、孙三分天下，前提是改进战争指导。他说：

"现在曹操已经拥有百万之众，挟天子以令诸侯，不可同他争锋。"刘备实力如此弱小，不应该与曹操争强斗胜；曹操须要消灭，但不是现阶段任务。

话锋一转，谈到江东："孙权据有江东，政权经历三代的考验，地势险要，民心归附，贤能肯为孙氏效力。这股力量，可以用作外援，却不容去吞并。"告诉刘备，江东他吃不掉，要同它联合，否则南方也有可能被曹操各个击破。

那么，刘备又将如何夺取天下呢？诸葛亮建议分近远期两步走，近期以三分天下为目标，有三项任务。

"荆州北据汉、沔（汉水上游）二水，利益穷尽南海，东连江东吴、会稽两郡（今长江三角洲和浙闽），西通刘璋巴蜀（今四川），这是用武之地，而荆州之主刘表不能固守。荆州怕是天意资助将军的，将军有没有意思？"第一项任务，取荆州。

"益州险要，四塞之地，沃野千里，乃是天府之国，汉高祖

凭借它成就了帝业。益州之主刘璋愚昧、软弱，张鲁威胁其北面，人民殷实，地区富有，而不知道去慰问抚恤，智能之士渴望得到明主。将军既然是皇家后代，信用和道义传遍四海，总揽英雄，思贤若渴，何不取而代之呢？"第二项任务，接着取益州。

第三项任务，同孙权结盟。孙氏正在内争三江五湖之利，局限在东南一隅；然而迟早会走出太湖背后的闭锁状态，进入全国斗争，那时联合有现实的可能。

以上是近期计划。预测刘备联吴避曹夺取荆、益后，将与曹、孙三分天下，并成为获利最大一家。可以说，诸葛亮未出茅庐，已知天下三分。

接下来谈远期，以统一全国为目标。首先要治理荆、益，任务是："守住两地险要，西和诸戎，南抚夷越，对外结好孙权，对内治理政务。"

诸戎在西北秦陇即益州和曹占区之间，由氐、羌族构成，夷越在益州南部，都具有战略意义，必须以和抚政策争取少数民族民心，巩固大后方，策应灭曹的北伐战争。刘备在实现近期目标后实力增强，将与曹操争锋，问题是选择有利时机。

"一旦天下有变，就命令一员上将率领荆州军队北上宛城（今河南南阳）、洛阳，将军亲自率领益州军队攻入秦川（今关中一带），百姓谁不用箪盛饭，用壶盛汤来欢迎将军呢？果真如此，则汉室可兴、霸业可成了。"

这个对策，便是闻名后世的《隆中对》，产生于草庐，也称《草庐对》，包含丰富的战略智慧。它告诉刘备：夺天下，光凭愿望和

艰苦奋斗是不够的，还得通盘谋算，成竹在胸。过去想一口吃个胖，实力和目标两者失衡，瘸腿走路，哪能不跌跤呢？分步走，力所能及，方能逐步成功。弱者对强敌先退一步，向薄弱地区荆、益谋求发展，将壮大自己力量，获得最终进攻强敌的能力。军事斗争同政治、外交斗争配合，联吴，治理荆、益等手段综合运用，必能大见成效。

在常人看来，一个能在曹操、孙权、刘表、刘璋等手握雄兵、显赫一时的群雄那里谋到一席之地的人，偏偏看上既没有地盘、又没有多少兵马的刘备，岂非将一生事业系在前途未卜的人物身上？然而这正是诸葛亮之所以为诸葛亮的道理。撇开刘备反曹最坚定、以兴微继绝为己任这一层不说，去了能受重用，一展平生管乐抱负的，舍刘备其谁？刘备不以自己一介布衣、一名青年为鄙陋，三次屈尊就教，单凭这一点，就很感激的了。岂不闻"士为知己者死"！显然，诸葛亮把领导者的素质看得比实力更加重要，把未来看得比当前更重要。这是一个布局大师不同常人之处的根本所在。

在"共赢"上做文章

布局者必须精通"共同利益"的重要性，靠"共同利益"联结双方的心。一个人把这一点做得非常漂亮，局面必会向自己一方倾斜。

刘备有了诸葛亮，犹如鱼之得水，而诸葛亮有了刘备，则有了施展才干的一个大舞台，诸葛亮从此可以实施他自己的操纵乱世的文韬武略了。

诸葛亮出山，一上来便很棘手。他要协助刘备夺取荆州，但荆州最近成了群雄觊觎的焦点。曹操已定河北，荆州必是下一个目标，而东吴早已三次进攻荆州江夏，荆州问题已经"国际"化了。以刘备微薄的力量，如何不让荆州落入曹操之手，争得荆州，又与刘表及东吴为友？面临这些难题，几乎没有又必须寻到出路。

在诸葛亮出山的第二年，即建安十三年（公元 208 年）七月，曹操集结步、骑兵南下，佯称攻击南阳郡，秘密大举进军荆州。

形势严重，刘表决心收缩兵力，重点防御襄阳，待疲惫曹军后反攻，以确保荆州。急令刘备从新野撤到樊城（今属湖北襄樊）驻防，保卫一水之隔的襄阳，又以江陵为后方基地，储备大量军用物资，支援前线。

大军压境，对刘备既是挑战，也是机遇。但刘备退至樊城时，仅有兵力5千。

曹操率军占据襄阳后，听说刘备已过，亲率精锐骑兵5000，抛下辎重，轻军追击，一日一夜行300里。前锋曹纯和荆州降将文聘终于在当阳长坂（今湖北当阳东北35公里绿林山区的天柱山）追上刘备军。

两军一接触，曹军5千精骑把刘备军10万人马冲得落花流水。刘备丢下妻子，同诸葛亮、张飞、赵云等数十骑落荒而逃。

正当刘备这支不满一校的败兵上天无路、入地无门时，在长坂遇上东吴前来联络的使者鲁肃。这很意外。东吴同荆州刘表是世仇，孙权又企图夺取荆州，一统吴楚，称霸南方，不料却派来使者。

孙权是极明白利害关系的英主，他认识到，曹操南下荆州，是同东吴争夺荆州，得手后势将进攻东吴，东吴连生存都将成为问题，还谈什么夺取荆州呢！眼下曹操跃升为第一位的敌人。应该调整敌友关系，同荆州建立联合战线。孙权派出鲁肃后，自己也前出柴桑，就近密切注视事态发展。

鲁肃在出使途中，路经夏口（今湖北汉口），听说曹操正在向荆州进军，及至到达南郡时，刘琮已经投降，刘备正在南撤，便迎上前去，同刘备相遇。刘备是落难凤凰不如鸡，然而鲁肃的巨眼掂得出这位失败英雄的分量，决意极力促成孙、刘两家合作，听刘备说今后打算投奔苍梧郡（今广西梧州）太守吴巨，忙向刘备指出，吴巨平庸，行将被人吞并，不足以托身。他传达孙权希望结盟的意愿。

诸葛亮早想同东吴结缘，长坂大败后以实力不足和不明东吴态度，没有主动联吴，不料鲁肃找上门来，做了联合的发起人。鲁肃不仅处在有条件采取行动的一方，而且眼光过人。

对于鲁肃其人，诸葛亮并不陌生，哥哥诸葛瑾与他私交甚深，有关鲁肃为人早已从兄长处获知不少。更何况危难中一见，很有相见恨晚之感，谈得十分投机。

诸葛亮既敬佩鲁肃的眼光，又敬重哥哥的朋友，同鲁肃建立了深厚友谊。刘备偕鲁肃继续退却，途中先后会合关羽水军和刘琦1万人马，众军循汉水进入长江，放弃原来西上江陵的计划，进驻江汉会合处的夏口。

这时曹操占领江陵，拥有刘表水军，将以绝对优势兵力沿江东下，进击东吴，刘备在夏口，首当其冲。孙、刘联合仅为意向，尚未敲定，形势万分危急。

诸葛亮受任于败军之际，奉命于危难之间，与鲁肃急匆匆奔赴柴桑，会见在那里观望成败的孙权。

诸葛亮冷静分析东吴内部的形势，感到和、战的关键操在孙权之手。孙权不愿意降曹，但对于弱军能否战胜强军及依靠谁来

抗曹，尚无把握和良策，决心难下，犹豫不定。此行使命的关键，是游说孙权定下抗曹决心。对此，诸葛亮充满了信心。

诸葛亮代表荆州方面，同孙权展开谈判。他以为，尽管己方大败之后处于不利地位，但必须掌握主动，谈的时候要坦白，彻底，以建立信任，要讲艺术，取得好效果，先鼓动孙权抗曹的决心，再消除他的顾虑。

整个会谈，诸葛亮完全占有主动，掌握了会谈的进程。会谈取得圆满结果。于是孙权召集群臣商议和、战大计，统一思想。在此关键时刻，东吴突然接到曹操来信，信中声称将率领 80 万水步大军，前来伐吴。东吴官员无不失色，大多数主张迎降，孙权无奈，召来中护军周瑜。在周瑜力排众议下，东吴决定了迎战大计。孙权命周瑜等率兵 3 万，随诸葛亮前往会师刘备，齐心协力抵御曹操。

诸葛亮出使东吴，本来有求于人家，可是他反客为主，用激将法成功地说服了孙权联合抗曹。联吴的目的达到了，还显得是孙权求他。诸葛亮初次受命，便显示出超群的外交智慧和艺术。

诸葛亮随后乘船赶赴前线，协助指挥孙、刘联军作战。当年冬，曹军和联军在赤壁隔江相持，周瑜发起火攻，火烧曹船，刘备军配合在陆上追歼，共同大破曹军，曹军损失大半，曹操退回北方。联军追至江陵，经过一年围攻，守将曹仁弃城。曹军由于失去水军基地，无法再建强大的水军。曹操赤壁铩羽而归，不能战胜南方，直到公元 280 年晋灭吴中国才实现统一，这一推迟，竟达 73 年之久。

赤壁之战，为三国形成举行了一个奠基礼。这次战争能够取得胜利，关键是建立了孙、刘联盟和孙权在极端困难条件下决策抗曹。这两方面，诸葛亮都作出了重大贡献，与周瑜、孙权一起改写了中国历史。

在很多时候，外交是非常必要和有效的操纵局面的手段，外交赖以成功的基础是找到共同的利益，诸葛亮正是深刻地认识到蜀吴两国的战略利益关系，才通过外效手段将蜀吴的两盘局合在一起布，才一举击退了强大的魏国。这一布局过程把诸葛亮以智布局的特点体现得淋漓尽致。

把错走的棋摆回到原来位置

　　智不仅体现在见事之明、理事之精，还体现在对已经发生的错误能够排除阻力，使事情的发展回到正确的布局轨道上来。

　　刘备死后，诸葛亮有权调动全国的力量，放开手脚办事。要办的大事，是摆脱目前危机，最终统一全国。任务异常艰巨，必须拨乱反正，扭转航向，制定新的国策，带领国家回到正确的道路上来。

　　蜀国的道路是有问题的。当"汉事将成"之际，蜀国围绕荆州归属，同东吴出现尖锐对立，而决策却一再失误。一方面荆州是东吴全力来争、刘备只能以一部力量来守的形势，一方面忽视团结东吴，对东吴争荆州的决心估计不足，丧失警惕，发生了东吴背叛联盟、荆州被偷袭的恶性事件。关羽被杀后刘备又置主要敌人曹魏于不顾，发动东征，遭受挫折。在一连串重大挫折打击

后，应该清醒了。

症结在什么地方呢？在于打击的方向错了。如果蜀、吴继续对抗下去，势将相互削弱，魏国将更加强大，最终不仅不能消灭魏国，反而将被它所灭。

反吴已被证明是错误的，刘备对此有所觉悟，夷陵战后派使者联络吴国，临终又说他所惦念的，是"最终成就咱们的大事。"这"大事"便是消灭魏国，兴复汉室。但刘备无力彻底改正他的错误，此事必须由自己完成。诸葛亮把联吴灭魏确定为基本国策，一切都必须服从并服务于它。

这时群雄混战和三国形成阶段已经过去，进入三国鼎立阶段，形势相对安定，各方不再进行决战；然而，北伐魏国是刘备集团一贯的方针，刘备临终又以此事相托，伐魏仍须进行。而且必须尽快，时间拖长，对于魏国恢复其残破的经济有利，而及早北伐可发挥自己治国治军优势，何况身死之后，谅蜀国无人能够蹈涉中原，抗衡大国，唯有早用兵，才有希望蚕食并最终打败魏国，报答刘备知遇之恩。

形势仍然是魏强蜀弱。魏国人口约占三国总人口的60%，面积为整个北中国，政权度过草创阶段，经济有了一定的恢复。蜀国在江陵、夷陵之败中损失了荆州军全部、益州军一部，人口约占三国总人口的12%，面积只有益州一州。

但胜利希望是有的。魏国存在弱点，当权者的战争指导能力远逊于过去的对手曹操，经济仍然没有走出阴影，许多地方仍然是千里无人烟。蜀国虽然在军事力量上处于劣势，但是同刘备寄

寓荆州时相比，有了相当的实力，经济未遭到破坏，还有较大发展，政权将获得巩固，刘备集团素有以弱胜强的传统。如果再度实现联吴，吴、蜀联盟可以对魏国构成战略均势，那时魏国不能全力对蜀，蜀国可以全力对魏，有可能在局部地区造成某种优势，积小胜为大胜，最终战胜魏国不是没有可能的。

诸葛亮展开了确立联吴灭魏国策的努力。

这时，魏国司徒华歆、司空王朗，各有书信写给诸葛亮，陈说天命和人事，劝诸葛亮举国称藩。

诸葛亮不作答复，暂时保持低姿态，抓紧统一内部思想。针对内部对北伐众寡悬殊、信心不足的问题，他写了一个叫做《正议》的文件，连同魏国劝降信，一起在内部传阅。《正议》实际上是一篇北伐的动员令。

伐魏，就必须停止同吴国对抗，恢复联吴。

诸葛亮必须扭转反吴的航向，但是在蜀人的感情关前陷入了孤立。蜀国两次大败于吴国，丧失荆州，丧失关羽、刘备，这些惨痛，仇恨，人们都挂在吴国的账上，国内反吴情绪高涨。诸葛亮企图联吴，怎奈知音寥寥。而且，吴国意图不明，也够令人担心的。孙权曾经要求建立联系，可是又在刘备去世后接纳反蜀势力。前后派往吴国的使者都不能使孙权有联合蜀国的明确表示。诸葛亮生怕孙权策划不利于蜀国的诡计。

诸葛亮下令邓芝出使东吴。邓芝不负使命，他摸清孙权对于联蜀态度不明朗的顾虑。原来孙权担心蜀主幼弱，领导不起来，万一联蜀后引起魏国进攻就不好办了。邓芝告诉孙权，真正领导蜀国的是一世豪杰诸葛亮。你如果不联蜀，魏国早晚要你和太子入朝，那就有被扣的危险，如果不肯入朝，就会讨伐叛乱，蜀国也会顺流而下，那你就危险了。孙权应允。

诸葛亮依靠自己的人格魅力，终于将航向扭转了过来，联吴抗魏的国策就这样得以顺利实施了。

越是逆境越要积极挑战

逆境是任何人布局的障碍，也是不可避免的，所以需要自我挑战。布危局、逆局需要的是勇气和毅力，需要在逆境中挑战人生，这时，迎接挑战不仅是大勇，也是大智。

诸葛亮北伐遇到了重重障碍。首先是国力有限，限制了蜀军员额。黄初二年（公元 221 年）蜀国户口 20 万，如果达到魏军的规模，例如建立 40 万军队，每户需征兵 2 人。这是不可能的，因为各家基本上不用有劳动力从事生产，国家、人民和军队都将无法生存。蜀国以有限的人口既要出兵保持北伐军的数量，又要留有劳力生产余粮，供应蜀军作战，深感压力巨大。蜀军数量注定处于劣势，即使保持十几万，兵源、军粮也都捉襟见肘。

其次是地形和运输上难度很大。地形上的难处，造成边界利守不利于进攻。蜀、魏边界分为东西两段。东段边界南为蜀国

汉中，北为魏国关中，中间隔着秦岭谷道。秦岭谷道通常南北宽470 至 660 里，渺无人烟，极其难行。边界西段是汉中、梓潼同魏国武都、阴平的边界，也是山地和高原地形。越过边界，必须穿越漫长而艰险的山路，这成了北伐后勤保障的巨大障碍。蜀军北伐的后勤保障任务艰巨，军粮立足于从国内运输。由于边界山地道路漫长，艰险，供应几万、十几万人的军粮，大约要动员与军队同样数量的民夫，肩背，车运，翻山越岭，穿过秦岭谷道，运抵魏境。民夫运输中自身食用耗费巨大，军粮运到前线所剩打了极大折扣。如此高的人力动员率和军粮损耗率，是难以承受的。

显然，蜀军北伐是以小国之军攻大国之军于易守之地。诸葛亮企图克服上述重重困难，把蜀军操纵为小而强的军队，去争取胜利。他展开全面的战争准备，以便增强国力军力，适应战争的需要。

政治上，他确立大权独揽的体制，恢复联吴抗魏的国策，协调统治集团内刘备北方故旧人士、荆州人士和益州人士之间的关系，厉行法治。经过努力，蜀国科教严明，赏罚必信，无恶不惩，无善不显，至于吏不容奸，人怀自励，道不拾遗，强不侵弱，风化肃然。政治之清明，治理之井然，在三国中首屈一指。

经济上，他实行先农后战的政策，对自耕农先"存恤"，后役使；重视水利灌溉工程。把最重要的水利工程都安堰（今都江堰）看作"农本，国之所资"，北伐时，"征丁千二百人主护之"。加强盐铁业管理，采用新能源天然气煮盐提高出盐率，大力发展丝

织业，促进商业。

军事上，他平定南中叛乱，化腐朽为神奇，把一个不安定的南中变为出兵出物资的大后方。他任命张裔为司金中郎将，主持兵器打造，装备修缮。同时，抓紧军队治理，加强蜀军纪律性，大力抓紧讲习武事，提高蜀军技术、战术水平。

北伐准备，是长期的过程，不可能一蹴而就，随着在战争实践中暴露出的问题，还要有针对性地进行准备，因此诸葛亮确立边打边准备的方针。几乎每次北伐后都进行准备。

在准备达到一定程度后，捕捉时机成了重要问题。《隆中对》设想北伐的时机是"天下有变"。自从夺取益州以来，只有关羽北攻襄樊前期，出现了大好形势，接近"天下有变"。此后即发生逆转，荆州遭到偷袭，刘备惨败。刘备死后直到眼下，也预见不到能够等到十分有利的时机。建兴四年（公元226年），诸葛亮在练兵时，传来魏文帝曹丕去世的消息。这虽然谈不上"天下有变"，多少也是有利的，何况自己46岁了，似乎不能再等待下去。

建兴五年（公元227年），诸葛亮决心实施北伐。首先，要进驻汉中。汉中离成都远，距敌人近，以该地为前进基地，有利于就近做战前准备。诸葛亮到汉中后，距成都一千数百里，日常事务无法遥制，蜀国必然形成两个权力中心。为了协调二者，诸葛亮召集会议，讨论部署，安排人事。一切就绪，向后主告别。诸葛亮深知后主才能平庸，不辨忠奸，最不放心。他恳切地写了一道出师的表章，递了上去。诸葛亮临别依依，几

乎不能自持。

《出师表》递上后，三月，以刘禅名义下诏，令丞相北伐。春天，丞相率军北上，跋涉一千数百里，来到汉中，屯驻在沔阳。只见汉中四面环山，境内有西汉水横贯其境，是一个盆地。为确保汉中防御，在汉中西口险要处营建阳平关和白马城。

在汉中治所南郑，诸葛亮召集众僚属开会，商议如何进军。督前部、领丞相司马魏延建议出奇兵，先取长安。

陇右是陇山（今六盘山）以西地区。把攻击点选在陇右，对于攻取洛阳未免迂回；然而迂回未必是坏事。攻取陇右，可以避开秦岭天险，利用西汉水漕运，是一条坦途。陇右魏军兵力较弱，有利于蜀军"平取"。陇右是产麦区，有利于在敌境建立因粮于敌的根据地。陇右同关中相邻，居天下的上游，可以瞰制关中，顺流而下，则可进攻长安。后来司马昭曾经很清楚地揭示，诸葛亮常有"兼（陇右）四郡民夷，据关、陇之险"的志向。诸葛亮首次攻魏，确定迂回西取陇右，说明他从蜀国实力出发，既积极进取威武自强，也注重谨慎求实。

确定攻取陇右，也说明北伐的战略目标是分阶段的，这就是：当前以夺取陇右为目标，中期以夺取长安及关中为目标，远期东出潼关，以攻占洛阳、北定中原、攘除奸凶，兴复汉室、还于旧都为目标。

诸葛亮北伐期间，三国进入鼎立初期。魏、吴都转入战略防御。魏国决定先求文治，后求武功，在相当长的时间内偃武修文，休养人民，恢复生产，增长国力，招怀远方，对吴、蜀予以忍耐，仅采取守势战略；等到国力增强，具备了条件时，再议统一。东吴主张发挥独有的江防和水军优势，并依靠同蜀国的联盟，依托长江，实行重点守备，将魏军阻止于长江之外。唯有蜀国取攻势布局战略。这体现了刘备培养起来的独特作风，永不服输，处境越是不利，越是敢于在逆境中迎接挑战。同时，这也是弱者于动局中自保的有效手段。

街亭败后，是很难办的，因为通常战争失败，往往导致内政上的严重后果。诸葛亮却善于以失败为改革机遇，开始了最著名的治军实践。他认为，街亭失利证明军队有问题，要抓住明罚、思过、减兵省将三个方面实行变通。

明罚，是严明赏罚。马谡如何处理？他街亭战败，论罪应死，但是善于出谋，南征时出了攻心之计，要不要念在人才难得饶恕他？不能饶。益州风气过分宽纵，必须咬咬牙，严肃军纪。于是诸葛亮考察每个微小的功劳，甄别壮士烈士，重用王平，加拜其为参军，进位讨寇将军，杀街亭失利者马谡及将军张休、李盛。马谡同诸葛亮私交好，情如父子，在狱中写信给诸葛亮要求申王法，处死自己，说："希望深思舜杀鲧用禹的大义，使我们平生的交情不因此事受损害，我虽死在黄泉下也无遗憾。"诸葛亮亲往临祭马谡，10万大军闻知此事无不流泪。

蒋琬却不满意。他在成都主持丞相府事务，后来到汉中，见诸葛亮便道："天下未定，杀智谋人士，太可惜了。"

诸葛亮心中隐痛，流泪道："孙子、吴子的军事思想为什么能够无敌于天下呢？就是执法严明。所以晋王悼公的弟弟杨干违反

军法，魏绛杀了他驾车的仆人。现在四海分裂，北伐战争才开始，如果废除了法纪，靠什么去战胜敌人呢！"

变通的第二方面是思过，找出失得教训。这件事不能只靠自己，要发动大家一起作。诸葛亮向僚属说："从今以后，凡忠心谋国者，只努力批评我的缺点错误，那么大事可定，贼人可死，大功可以翘足而待了。"

诸葛亮不仅口头承认有错误，而且采取行动。在街亭之战中，他提拔一向赏识的马谡，违背刘备临终"马谡言过其实，不可大用"的叮嘱，违背众人启用魏延、吴壹的意见；没有亲临街亭前线，临机处置，减少和避免失误。他果断地承担领导责任，宣布：这次失利，"不在兵少，在一个人身上。"

杀马谡后，向后主上疏，再次承担责任："我以微弱才能，担任不能胜任的职务，亲自执掌兵权，激励三军，不能对部队进行典章制度的教诲和申明法令，不能临事谨慎，以致有街亭违背军令的错误和箕谷疏于戒备的过失，这都归过于我任人无方。我没有知人之明，考虑事情糊涂。按照《春秋》的原则，战争失利责罚主帅，我的职务应该承当这个责罚。请允许贬降自己三级，以督罚这个过错。"

在他的要求下，后主把他降为右将军，代理丞相，令他一如既往总管各项事务，诸葛亮把自己错误布告天下，使人人知晓。

变通的第三方面是减兵省将，裁减了冗兵冗将。人数少了，部队更加精干、战斗力更强了。此外，还抓紧进行军事训练。

通过改革、整顿，蜀军战士经过了选拔和训练，士气高昂，

面目一新，忘记了失败。这次治军实践，证明诸葛亮善于处败。在实际生活中，百战百胜的将帅是没有的，问题是能否像诸葛亮那样，败后变得聪明起来。

第四章

变　局

以变应变征服大多数人

变局当中，存在着更多的不确定因素，布局者的每一步骤甚至一个微小的举动，都会影响着局面"变"向何方。在这里，布局者一定要占住布局的制高点：征服大多数的人，让人们顺着自己的意愿而变。要做到这一点必须洞察先机、以变应变。

对象变了策略也要变

布局过程当中面对的对象如有变化，你的措施也必须随之调整。

忽必烈从一开始即位，便显示出了不同凡响，他没有沿用以前大汗的做法，却破天荒一反过去大汗们遵守蒙制的老传统，而是采用汉人的年号——中统来纪元。这一划时代的做法，断然从历史上将蒙古帝国一分为二，从而远远地将一个旧帝国抛在了身后。所谓的"中统"，就是中朝正统，从此以后，他俨然成了中原的统治者。

在诸多的政治变革中，最有成就、最值得一提的则是忽必烈对政权机构的建设。

从在开平即位的那一天起，忽必烈就秉着"立经陈纪"的原则，开始了新的政权建设，并多次向大臣们表示了自己"鼎新革

故，务一万方"的雄心壮志。

忽必烈的高明之处，就在于他并非只注重徒有其名的空壳，而是立即着手设立中央政权机构，赋予它们以实际的权力。他"内立都省，以总揽宏纲，在外设立总司，来处理各地的政务"。这里我们不能忘记王文统的功劳。

忽必烈虽然采用了汉法，但他却不拘泥于汉法，他的大胆革新的精神使我们不能不对他佩服。并且我们也还发现，在忽必烈改组机构的重大创举中，他所依赖和任命的大多是汉人儒士，从中书省、行中书省到各路的宣慰使司，许多高级官员都是汉人。例如中书省的史天泽、王文统、赵璧、张易、张文谦、杨果、商挺诸人即是。即便是1260年5月所设置的十路宣慰司，担任行政长官的，很少有蒙古族的人士。而像主部希宪、布鲁海牙、黏合南合等色目人也都是汉化很深的儒人。虽然在1261年，中书省官员经过调整，增入了蒙古贵族不花、塔察儿和忽鲁不花等人，但他们由于缺乏实际的政治经验和管理才能，只能是起象征性作用的人物。所以，忽必烈在最初的行政机构的改建中，的确抛弃了蒙古旧制，也难怪守旧的蒙古贵族对此极为不满，他们从蒙古草原派出使者质问当时驻在开平的忽必烈说："本朝旧俗，与汉法不同，今天保留了汉地，建筑都城，建立仪文制度，遵用汉法，其故何如？"对此，忽必烈坚定地回答他们说："从今天形势的发展来看，非用汉法不可。"旗帜鲜明地向蒙古王公贵族表明了自己要实行汉法的决心。

按照"汉法"改革的思路，忽必烈的机构改革是一竿子插到

底，从中央到地方，一揽子进行，在地方上除了完善行省制度外，还设立了廉访司、宣慰司。在行省下设路府州县四级行政机构来具体负责地方事务，尽管设置这些都没有什么大的建树，全都是借用了宋、金的制度，然而，他毕竟将蒙元帝国的行政改革推上了汉化的道路。

1263 年，完成了中书、行省创建的忽必烈也并没有放松对军事衙门的改置。此前的万户、千户的设置在民政、军政上不分，常有分散军事权力的隐患。随着元朝统治的扩大，一个统一的军事权力机构的建立也势在必行。因而这一年被李王 搞得精疲力竭的忽必烈便下诏："诸路管民官处理民事，掌管军队的官员负责军事，各自有自己的衙门，互相之间不再统摄。"1264 年元月，全国最高军事机构——枢密院诞生了。枢密院的设置，是忽必烈又一次对蒙古原有的军政不分家旧制的重大变革。当然，忽必烈多少也在这个方面保留了一些民族特色，他仍然将四怯薛——亲兵长官牢牢地掌握在自己的手中，以防止突然的事件。万户长、千户长也并没有完全从蒙古帝国清除掉，仍然在蒙古人中保留了这一头衔。并且自从枢密院建立后，出于民族防范的需要，老谋深算的忽必烈从不轻易地把兵权交给汉人掌管，除了他非常信任的几个汉人之外。

从小便习惯在马背上射猎厮杀的忽必烈并未忽视兵权的重要性，实际的斗争经验也使他深深懂得武装力量对于国家政权以及统治的保障作用，就在他即位大汗的初年，此起彼伏的农民起义便"相煽以动，大或数万，小或数千，在在为群"。搅得

他心惊肉跳。何况还有一个苟延残喘的南宋小朝廷等着他去消灭，恐怕仅靠蒙古军是完不成这一历史任务的。对军事改革的迫切性、重要性，忽必烈一点没有忘记。随着他的政治统治的稳定，他的军事制度也日趋完善，忽必烈时期不仅有一套完整军队的宿卫和镇戍体系，而且将他的祖先所留下的怯薛制发挥得淋漓尽致。

怯薛制无疑在元朝的军制乃至官僚体制中都具有非常重要的地位，怯薛不归枢密院节制，而由忽必烈及其继承者们直接控制；怯薛的成员怯薛歹虽没有法定的品秩，而忽必烈却给予他们很高的待遇。一个明显的事实是，每当蒙古帝国、大元皇帝们与省院官员在禁廷商议国策时，必定有掌领当值宿卫的怯薛长预闻其事。所以怯薛歹们难免利用自己久居皇宫、接近皇帝的特权，常常隔越中书省而向皇帝奏事，从内宫降旨，而干涉朝廷的军国大政。这与他们所处的环境、身份与地位有相当大的关系。

诚然，忽必烈也知道内重于外、京畿重于外地的军事控制道理，因而，他便建立了皇家的侍卫亲军，让他们给自己保卫以两京为中心的京畿腹地。忽必烈时共设置了十二卫，当时卫兵武器之精良、粮草之充足、战斗力之强，都是全国各地的镇戍军所不敢望其项背的。

我们也不能不佩服忽必烈改建军队的才能，在偌大的民族成分各异的帝国内，忽必烈不费吹灰之力就将不同地区、不同民族的军队分为四种，即蒙古军、探马赤军、汉军、新附军，而对于军队数量之多，连马可·波罗也不能不感到惊奇：他说"忽必烈

大汗的军队，散布在相距二十、四十乃至六十日路程的各个地方。大汗只要召集他的一半军队，他就可以得到尽其所需那么多的骑士，其数量是如此之大，以至于使人觉得难以置信。"让我们权且相信这位实际见证人的话吧。

封建王朝的各朝各代，能够控制军队的皇帝，恐怕没有几个，而忽必烈却有幸与他们为伍，他创制军队不仅有新意，而且掌握使用军队也很独特。所以帝国的"天下军马总数目，皇帝知道，院官（指枢密院官）里头为头儿的蒙古官人知道，外处行省里头军马数目，为头的蒙古省官们知道"。这在当时是一个不成文的规定。而且边关的机密，朝廷中没有几个人知道，没有忽必烈的命令，一兵一卒也不能擅自调动。恐怕正是由忽必烈对大元帝国的军事机器的精密装配，才使元朝立足中原一百多年。

这便是忽必烈著述变通、勇于革新的第二大内容。

除了以上改革之外，忽必烈这位从大漠走来的皇帝在发展生产与剥削方式方面的改革也一点不逊色于其他有为的汉族皇帝。这一点，也正是在这一点上，忽必烈不仅赢得了广大汉人文士们的拥护，也得到了饱尝三百年战乱的中原各族以食为天的农夫们的拥护，因而，中原的人们承认了他"中国之帝"的身份。这就是他的重农政策所取得的巨大成功。他不仅雷厉风行地在全国各地创置劝农一类的机构，派出官员们鼓励农桑，而且多次发布诏令，保护农业生产，还广兴军屯、民屯，颁布《农书》，推广先进的农业生产技术，以指导民间的农业生产，等等，都使被破坏或中断了的农业生产力得以恢复，使得农业

经济继续向前发展。他的这项对农业生产方面的改革成功，以至于后来的封建文人们，也不能不对他倍加赞赏，这是一种操纵胜局力量的反映。

靠纲纪说话，靠法度办事

　　俗语云：没有规矩不成方圆。每处理一件事都得依照一定的程序，不能本末倒置，舍本逐末。要稳定对局面的控制，就要有完善的法制，不能随意处理事情。为树立布局者的新形象，要进行法制的建设，努力做到靠纲纪说话，靠法度办事。

　　忽必烈的"立法度、审刑狱"之举更使蒙古贵族震惊不已。

　　突然跨入封建文明的蒙古贵族，入主中原以后，他们的习惯法"大礼撒"根本不能适应汉地的实际需要。因而，从忽必烈的先祖们开始，便自觉不自觉地走上了借用他朝法律来改造本民族法律的道路。但这条道路对于早已熟悉习惯法的蒙古统治者来说，确实是非常的艰难。在忽必烈开国初年，在他的汉人谋士以及专家们尚未修成像样的律令之前，对凡涉及北方汉人的刑事案件，都参用原来金朝的"泰和律"定罪量刑。1271 年，大元王朝感觉

到再使用这亡国之律令，实在不太体面，于是下令禁止使用"泰和律"。

国家不可一日无君，国家也不可一日没有法律。在此情况下，有人建议将史天泽等人修成多年的《大元新律》略加增删，颁布天下施行。但不知什么原因，这部法律并未面世。尽管忽必烈曾经多次命令精通法律的老臣参考前代的法律，出台一部新的法律，然而，由于各种原因直到至元二十八年，忽必烈才颁布了《至元新格》，它包括了选格、治民、理财、赋役、课税、仓库、造作、防盗、察狱等十个章目，每个章目下又分成十数条，这些条例都具有行政法或其他门类法律的性质。忽必烈颁布的《至元新格》确实是按照一般的法典规格编写而成的。难怪后来研究法制史的人都认为它过于单薄，非但几乎完全没有刑法，其规模距离一部真正的行政法、民法或财政法的法典也有相当的差距。

这些指责在今天来说是不无道理的，但对于这位从大漠走出的皇帝来说，恐怕有些过分。毕竟从坐上汗位起，他便殚精竭虑地思考如何革除以前的暴政，他不仅爱护百姓，而且更重视百姓的生命，他所想的就是如何最大程度地减轻刑罚，因而，他向往汉文帝等英君的薄刑政策，迫不得已是不愿杀人的，所以，他所颁布的法律也就具有简单、粗糙的特点，这恐怕与他秉守的好生之德原则有很大关系。

因而，元朝的刑罚也就体现出了比以前朝代轻罚的特点，所谓"天饶他一下，地饶他一下，我饶他一下"就体现了元代刑罚的宽恕原则。而当时五刑中的死刑也仅为绞、斩二种形式，以前

的凌迟处死等残酷的刑罚在当时也不很常用。事实也是如此，在忽必烈统治的三十多年里，他经常向官员们有意识地灌输"宽刑"思想。至元二十三年（公元1294年）当中书省官员向他奏报说："现在对偷窃钞币数贯以及偷盗佩刀等小东西，儿童少年偷窃的，全都应把他们发配服役，但为了体现宽刑原则，我们认为，第一次违犯的可以打板子后释放，第二次就应该发配服役。"忽必烈同意他们的做法，并且还说："人命至重，今后没有经过认真细致地审判，不要随便杀人。"有一次，他在去上都开平的路上，札鲁忽赤（蒙古断事官）合刺合孙等人乘他游玩高兴之际，向他奏报上年南京等路死囚处死的事情，并请求让数位札鲁忽赤到各路去执行死囚的死刑，忽必烈一听，非常不高兴地说："死囚又不是群羊，怎么可以立即杀死呢？应该全部让他们去淘金服役。"所以，在他在位的时候，尽管各地反叛不断，刑事案件较多，他的宽刑政策却始终不变，有的年份判处死刑的人数仅为百余人，有的年份甚至只判处几十个死刑犯人。这在当时，乃至整个封建时代，也是很罕见的。

为了摆脱蒙古帝国过去的那种哥哥弟弟共同坐在一起，不分高低贵贱的做法，他命令大臣制定朝仪，让他们向他这位皇帝按一定的次序行参拜大礼。就像当年的汉高祖感受做皇帝的威严一样，忽必烈也感受了汉地君主制度的荣耀和威严。不仅如此，他也像历代封建皇帝一样，为自己的帝国建立了一整套的祭祀、庙享等制度，使他的统治与汉法接轨，以便得到汉地神灵们的佑护。

对此或许某些人会认为，忽必烈的这些做法是雕虫小技，无

足一谈。但对当时从蒙古草原走出的"只识弯弓射大雕"的君王来说，却并非易事。当时他的这些变易旧章的做法，动辄都与他的民族的传统相悖，遭到他的本民族守旧意识很强的贵族们抵制、反对也是预料中的，其艰难程度也是可想而知的。并且他的本民族部众并非全都能意识到，忽必烈的改革是在把他们从落后引向先进的路途，其中有些人还一时不会意识到改革的好处，因而，在元帝国的境界里，由于民族传统、民族习惯的作怪，也就自然地形成改革不彻底，以致产生南北中原异制的情况。但无论如何，忽必烈的改革，尽管存在许多的缺憾，仍被载进了光荣的中国历史的典册之中。

有人愿意跟随才是硬道理

在除旧革新的局面下，能不能把更多的、有社会影响力的人才聚拢到自己身边来，就成为这个变局能否布成功的关键。

即位后时值中年的忽必烈已经从一个"思大有为于天下"的藩王真正地变成了一个能够实现自己的政治理想的皇帝，懂得了"人才乃治之本"、"下治乱，系于用人"的道理，立下要寻求像魏征、曹彬那样辅佐人君成就为一代明君的人才的雄心壮志。

像历代重视爱惜人才的英主明君一样，忽必烈为赢得士人们的好感，在帝国的朝廷内也曾营造了一个尊士、敬士的氛围，以便多征求到人才。为此，他曾多次颁布征召士人及其他各方面人才的诏令。至元十八年，忽必烈颁布了征召前代贤才能人的后代，以及儒士，医生，精通卜筮、天文历法、术数和知名的隐逸士人的诏令，这次征召范围之广，是以前所不曾有过的，

反映了忽必烈急切需要人才的心情。为此，他高兴地采纳了他的亲信侍卫鄂尔根萨里提出的应该招致山泽道艺之士以备任使的建议，派遣使者到各地访求贤才，并且专门建立了集贤馆来储蓄被访求来的人才，任命德高望重的司徒撒里蛮出任了集贤馆长官一职。可见，他对征求人才的工作是非常重视的，其措施也是较为切实可行的。

对被征召来或应召的士人，忽必烈给予他们很好的待遇。据史料记载，对应召的士人，无论他们才能的大小，在未安排使用之前，忽必烈都让他们住进高级的宾馆，并派专人来接待他们，在饮食、住宿、出行的车辆与穿的衣服上都给予了丰厚的赐予。因而，便博得了士人们的欢心，同时也就赢得了不少士人的倾情奉献。当然，对于任何的慢待士人的做法，也都是他所深恶痛绝的。当时有这样一件事，使忽必烈很是生气。有一位主持应召士人衣食供给的官员，对忽必烈礼遇士人有加的做法不免有所嫉妒，就想暗中进行破坏。于是，他故意将供应给士人的全部食物都陈放在忽必烈经常经过的地方，希望忽必烈能看见而有所减损。果然，有一次忽必烈真的从此经过，不免询问了起来，这位官员回答说："这是一位士人一天的食物供给量。"忽必烈听后非常生气，立刻清楚了这位官员的用意，斥责他说："你想使朕看见这些而减少数量吗？即使是用超过这些的十倍来对待天下的士人，犹恐他们不来，何况还要减少？这样，谁还肯再来！"这动人的一幕，后来传闻出去，不知折服了多少孤傲的士人。由此也可以发现，对待士人，忽必烈的确是优待有加，礼遇备至。

由于这些吸引人才的办法较为得法，也就在当时形成了一种举贤荐贤的良好风气，上有忽必烈的重视与倡导，下面的大臣们便雷厉风行，积极地为元帝国搜罗人才。太保刘秉忠常在宴会、谈话、顾问等接近忽必烈的时机，推荐可以作为官员的人才，他所选拔荐举的人才，后来都成了元帝国的名臣。在他的荐举人才名单中，有枢密副使张文谦，这位洞究术数，尤粹于义理之学的士人，一生为人刚明简重，在忽必烈朝治声颇好，家中藏着数万卷的书简，尤以引荐人才为己任，死后被赠予推诚同德佐运勋臣的封号，并赠太师、开府仪同三司、上柱国官爵，可谓位极人臣。其他如太子赞善王恂、御史中丞程思廉、"久著忠勤"的户部尚书马亨，还有"守正不阿"的刑部尚书尚文，以及被忽必烈所信任倚重的安西行省左丞李德辉等等。

对刘秉忠所举荐的人才，忽必烈都给予了信任与重用。从此点上说，刘秉忠也是一位难得的伯乐。其他如姚枢、许衡、张德辉等人都给忽必烈举荐了不少的人才。即便如此，后来在至元年间，忽必烈仍然有"朕身边缺少汉人的"感叹，因而程文海又对他提出了征召南方汉人的建议，并向他举荐了江南著名士人赵孟頫、余恁、万一鹗、张伯淳、胡梦魁、曾晞颜、孔洙、曾冲子、凌时中、包铸等二十多人，忽必烈任命他们或担任台宪职务，或者授予文学之职，都发挥了他们的才能。

正由于卓越的用人才能，七百多年前，忽必烈便博得了一个度量弘广、知人善任的美名，这是历史的机遇与个人才能综合的结果。当时为什么诸多人才不去别人的帐下，却都集中在了忽必

烈的麾下，要解释这个难题，恐怕还是要追因于他的良好的政治、文化、军事、领导等等的布局素质尤其是布变局的素质上。

及时改错是善于应对变局的表现

　　每个人都会犯错，而知错就改是一个布大局者的优秀品质。世易时移，天下事变化无常，变化当中更容易出错，能够及时改错就能把变局布成胜局。但是，不虚心求教、心胸狭隘的人，很难具备操纵变局的气魄。

　　中国历史上凡是大开言路、敏于纳谏、知错即改的皇帝君王都能够跻身于英君明主的行列。自从"邹忌讽齐王纳谏"之后，能否纳谏，也就成为某一位皇帝政治贤否的标准，于是，善于纳谏的刘邦与只有一位谋臣而不能用的项羽两人就成为历代君主鉴戒的正反榜样。同样，能否纳谏、知错即改又表明了某位君主帝王的政治素质的高低。

　　走出大漠的忽必烈也正由于具有如此可爱的品行与智慧，像其他开国君王一样，很有资格地戴上了一顶"敏于纳谏"的桂冠。

也正由于他能纳谏，便给后人留下了许多值得思考的经验。

让我们循着忽必烈纳谏的轨迹作一番寻觅。

1260年，是风云突变的一年，在鄂州前线与南宋激战的忽必烈，收到了他亲爱的妃子察必的情报，蒙哥已死，阿里不哥阴谋夺位。情况十万火急，忽必烈心急如焚，不知计从何出。

在这关键时刻，是郝经这位足智多谋的谋士的《东师议》，解决了他的危机。

郝经建议：首先让精锐军队把守江面，与宋朝议和，迫使宋朝割地纳币。其次，放弃辎重，轻骑速归，渡过淮河后乘坐驿车，直接到达燕都。同时，派遣一支军队直接前去迎接蒙哥汗的灵车，收缴皇帝印玺。真可谓"柳暗花明"，忽必烈没有理由不接受这样完美的谏议与谋略，后来的历史也证明，忽必烈正是按郝经的提议采取了断然行动，使元帝国的大船从浪尖驶向了风平浪静的海湾。

因而，在后来的许多年里，忽必烈都不能忘怀这位使他转危为安、顺利登上九五之尊的谋臣。

可惜，郝经在忽必烈即位初年担任国信使出使南宋后，被南宋一扣便是9年，再没有机会向忽必烈奉献他的睿智英谋了，这是历史与上天造就了郝经的历史悲剧，忽必烈对此也不无遗憾！

如果说忽必烈在这危急关头的纳谏是情势所逼，有些被动，而他做了皇帝后，则所纳之谏就并非情势所逼，由被动到主动，由必然向自然，使忽必烈的纳谏更合乎规律性。

1265年，蒙古帝国的政局是百废待兴，一切都在重建之中，

这时汉法能否继续施行，蒙古帝国的施政方针如何？都为北方的地主阶级所密切关注。针对此，从草野前来的许衡上了著名的《时务五疏》，替忽必烈拨云见日，澄清了疑虑。我们曾在前文已谈及他的部分疏议，但仍有必要在此一叙。《时务五疏》其一就是希望忽必烈继续实行汉法；其二是设立中书省；其三是设立纪纲，精于吏治；其四是整顿社会风化，兴教育，使百姓安于生产；其五是劝忽必烈严号令，节喜怒。

这五点都关乎元帝国的政治与民生，因而忽必烈都予以"嘉纳之"。他希望御史官员们能够像历代贤臣那样勇于讽谏，以便使朝廷吏治清明，言路畅通。

在保持言路畅通方面，忽必烈对御史台寄予了很大的希望。历史上，御史台对封建朝廷、封建君主的施政方针、吏治、政务都起过重要的纠正作用。在监督、弹劾贪官污吏方面，发挥了不可或缺的作用，因而御史、监察官员被视作皇帝的耳目，从他们的嘴中君主可以了解民情和风情以及吏治好坏等情况。忽必烈同样如此，所以，他所选任的御史官、监察官员都是名儒或蒙古重臣。忽必烈在全国设立以御史台为首的完备的监察机构，并设立江南诸道与陕西、云南诸道行御史台，行台下设提刑按察司、肃政廉访司机构。官员们的官秩同于内台，以加强对地方吏治、官员的监督。

正由于御史官员是忽必烈纳谏、了解政治得失的重要来源，对其官员的选择就非常谨慎严格。1277 年，在设立江南诸道御史台时，御史大夫姜卫就御史官员的选用问题向忽必烈建议说："陛

下把臣我当作了耳目，我把监察御史、按察司官员们当作了耳目，倘若这些官员选非其人，就好像人的耳目被闭塞一样，下面的情况怎么能够达于上听呢？"他的话得到忽必烈的赞同，下诏让御史台严格官吏选拔，并且每当选任官员的名单报上来后，忽必烈必定要集中重要大臣、御史们商议讨论，如被大家认为某位人选不适宜的，就立刻罢劾。由此可见忽必烈对御史官员的重视，从而也能反映他对纳谏的重视。

忽必烈纳谏的可爱之处，是他并不偏信偏从，遇到正确的、对国家有好处的，或纠正他的过错的劝谏，他从来都能放得下面子，给以采纳，有错即改。反之，他则坚持不改。

直到临终前，老年的忽必烈也一直以善于纳谏而著名。

对于像秦始皇、忽必烈这样拥有至尊地位的君王来说，改过绝不是可有可无的小把戏。在形势不那么十分稳定的变局当中，改过更是应对变化的必要手段。

第五章

稳 局

努力调动起一切积极因素

即使作为布局者、操纵者的地位是稳固的，但所面临的局面仍可能暗流汹涌，处置稍有不当，稳局随时成为危局。这就要求布局者以稳健的方式、有条理的步骤，用权力作为指挥棒，调动起局面中可资利用的一切积极因素，真正让稳局稳如泰山。

最大限度地听取各方意见

布稳局应及时了解下情，这需要尽最大限度地听取各方意见，这样才能做出正确的决策，从而达到政通人和。

康熙热衷御门听政，既是反对权臣鳌拜的需要，也是对辅政时期政治的重大改进。因为在辅政时期，诸司章奏都是到第二天看完，而且是由辅政大臣等少数几个人于内廷议定意见，汉大学士不能参与其事，鳌拜等人便借机将奏疏带回家中任意改动，以达到结党营私的目的。而御门听政则使年轻的康熙皇帝走出内廷这个狭小的圈子，可以与朝廷大臣广泛接触，从而考察其优劣，亦可团结他们，取得支持，增强铲除权臣的勇气和信心。听政时，康熙与大臣们直接见面，共商国是，而且官员比较广泛，包括大学士、学士、九卿、詹事、科道等官，从而对辅政大臣的行为形成某种程度的制约，对某些擅权越轨行为也能及时发现和制止。

康熙发现，自己每天早起听政，而部院衙门大小官员都是分班启奏，甚至有一部分作数班者，认为"殊非上下一体励精图治之意"，便于二十一年（1682年）五月颁旨规定："嗣后满汉大小官员，除有事故外，凡有启奏事宜俱一同启奏"，无启奏事宜的满汉大小官员亦应同启奏官员一道，每日黎明齐集午门，待启奏事毕方准散去；有怠惰规避，不予黎明齐集者，都察院及科道官员察出参奏。但官员们贯彻起来确实有困难，他们不比皇帝，就住在乾清门旁边，他们"有居住僻远者，有拮据舆马者，有徒步行走者，有策蹇及抱病勉行者"。由于需提前齐集午门守候，他们必须每天三更即起，夜行风寒，十分辛苦，以致白天办事时精神倦怠。后经大理寺司务厅司务赵时揖上疏反映此情，康熙深为感动，立即采纳，于九月二十一日重新规定：每天听政时间向后顺延半个时辰，即春夏七时，秋冬八时，以便启奏官员从容入奏；九卿科道官原系会议官员，仍前齐集外，其他各官不再齐集，只到各衙门办理事务；必须启奏官员如年力衰迈及患有疾病，可向各衙门说明后免其入奏。此后又罢值班纠劾失仪的科道官员，以便官员们畅所欲言；年老大臣可以"量力间二三日一来启奏"。

官员们也担心康熙每天早起听政过于劳累，一再建议更定御门日期，或三天或五日举行一次。但康熙认为："政治之道务在精勤，厉始图终，勿宜有间"，如果做到"民生日康，刑清政肃，部院章奏自然会逐渐减少。如果一定要预定三日五日为常朝日期，不是朕始终励精图治的本意"，因此对臣下们的好意婉言拒绝。

康熙理政十分认真，各部院呈送之本章无不一尽览，仔细批

注，即使其中的错别字都能发现改正，翻译错误之处也能改之。章奏最多时每天有三四百件，康熙都"亲览无遗"。由于亲阅奏章，他对臣下处理政事敷衍塞责、手续烦琐等作风都能及时发现，并予解决。

针对一事两部重复启奏的问题，康熙令会同启奏，不仅简化了手续，有利于提高效率，而且经两部协商讨论后，所提建议往往更实际，不至舛错。

总体而言，康熙继承和发展的御门听政制度，对及时了解下情，发挥群臣智慧，集思广益，使国事决策尽量避免偏颇，政务处理迅速及时，对保证封建国家的统治效能，起到了重要的作用，也是康熙朝政治生活的一大特点。

作为少数民族入主中原的封建王朝，清廷一开始就面临着与土著汉人之间的民族矛盾问题，特别是在顺治年间曾形成一场大规模的群众性抗清运动。这场运动虽以清王朝的胜利而告终，却给予新兴的清王朝以沉重的打击，使清朝统治者认识到：要想在幅员辽阔，人口众多，而且经济文化发达的中原地区站稳脚跟，就必须重视满汉关系，缓和满汉民族矛盾。在这一点上，康熙的作为值得称道。

可以说，正是由于康熙帝善于听取各方面的意见，使得他能及时了解各方面的情况，对一些重大问题有正确的认识，这是清朝在康熙治内迅速走向强盛的主要原因之一。

符合大多数才能调动大多数

　　家事国事天下事，归根到底都是人的事，少数终归是压不倒多数的。因此做事需要从多数的立场去考虑，否则，布置稳局就无从谈起。

　　康熙做事，总是着眼于多数，废除律令和尊儒两件事就是最好的例证。

　　康熙即位初年，由于大规模的群众性抗清运动被平息，以四大臣为代表的满族贵族，继续推行"圈地"、"逃人"和"投充"等明显含有歧视汉族内容的政策法令，从而使趋向缓和的满汉矛盾再度激化。而康熙鉴于满族统一辽东和漠南蒙古的经验教训，深知单凭武力是不能将统一局面长久维持的，必须争取其民心，而且深信四书五经等儒家经典及精通这些儒家经典的汉族士大夫是有裨治道的，因而在亲政后对汉族士大夫积极采取笼络手段，

并逐步修正"圈地"等落后政策。

《逃人法》是满洲贵族为维持其残余的奴隶制统治而设立的缉捕逃亡奴仆的法令，为清初所推行，特别是顺治年间的《逃人法》，具有明显的民族压迫特征。如规定逃人逃跑二三次始行处死，遇赦得免，而土著窝主一经发现即被正法，妻子、家产籍没给主，遇赦不赦，邻右、十家长也要连带受重罚，惟旗人窝主仅鞭一百，罚银五两。这便使得汉人，无论地主还是普通百姓，都深受其害，大为不满，造成严重的满汉民族矛盾。

康熙四年（1665 年）正月，为了使《逃人法》既注重保护满洲贵族的既得权益，又能适当照顾汉族地主的正当要求，体现严惩讹诈、轻处窝主的精神，开始修订该法。修订后的《逃人法》规定：凡有奸棍借逃行诈行为者，审实后交刑部正法，结伙借逃报仇，诈害良民者，无论旗下或平民百姓，"俱照光棍例治罪"；停止执行窝主处死、刺字及给旗人为奴之例，改为流徙尚阳堡；相关邻右、十家长及地方官"免其流徙"。康熙十一年（1672 年）后更规定，有关逃人案件除宁古塔仍由该将军审理外，其余各省由当地督抚审理。由于督抚等地方官大多由汉军旗人或汉人充当，他们比较注意稳定社会秩序，很少大肆株连或重处窝逃行为，因而受到广大汉族地主的欢迎和拥护。

到康熙初年，随着大规模圈地活动的停止，原有《逃人法》的修订，此弊才基本被制止。

自汉武帝"罢黜百家，独尊儒术"之后，以孔子思想为代表的儒家学说便成为我国封建社会历代王朝所尊崇的正统思想。清

太宗皇太极、世祖福临均推行尊孔崇儒的政策，仍按明代嘉靖年间的封号尊称孔子为"至圣先师"。而孝庄皇太后等人则相反，认为"汉俗盛则胡运衰"，因而"辄加禁抑"，他们既不搞尊孔崇儒，更不设经筵日讲。然而康熙帝从治理国家的实际需要出发，坚信儒家学说有裨治道，因而对学习汉族传统文化有着强烈的欲望和浓厚的兴趣，主动向太监张某、林某学习句读经书，了解明代的典章制度和宫廷轶事。

康熙八年（1669年）四月中旬，即处置鳌拜前月余，康熙便采纳汉官建议，举行隆重的太学祀孔活动。他以极为虔诚的心情，在宫中致斋数日后，在诸王大臣陪同下亲往太学祭奠孔子牌位，行三跪六叩大礼，并至彝伦堂听满汉祭酒司业等讲《易经》和《忆经》等精义。康熙十六年（1677年）十二月，他还亲制《日讲四书解义序》，进一步抬高孔子、孟子的地位和作用，将道统和治统完全统一起来，称："道统在是，治统亦在是矣。历代圣贤之君创业守成，莫不尊崇表章，讲明斯道"，表明自己以儒家学说治理国家的决心。康熙二十三年十一月，他第一次南巡归途经过山东曲阜，特地到孔庙祭奠孔子，行三跪九叩之礼，御书"万世师表"额悬挂大成殿中，决定重修孔庙树立孔子庙碑，并亲自撰写碑文"以昭景行尊奉至意"。这些崇孔活动及康熙从中表现出的至诚态度，无疑使汉族士大夫倍觉亲切，甚至颇为感动。

不仅是搞尊孔活动，康熙还采取了一系列尊崇儒学的实际举措。

康熙亲政以后，仪制员外郎王士祯等人再次请求恢复八股取

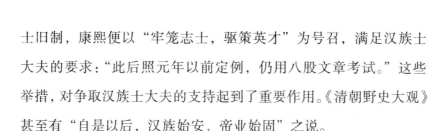

士旧制，康熙便以"牢笼志士，驱策英才"为号召，满足汉族士大夫的要求："此后照元年以前定例，仍用八股文章考试。"这些举措，对争取汉族士大夫的支持起到了重要作用。《清朝野史大观》甚至有"自是以后，汉族始安，帝业始固"之说。

很明显，大多数人的意愿满足了，你才能得到大多数人的拥护，你主持的大局才有了最稳定的基础，这是个顶浅显的大道理，却需要用经天纬地的智慧去领悟。

胆识和手段是获胜的两个支撑点

一个人的胆识越大，手段越厉害，才能操纵局面稳上加稳；无胆乏识，则底气不足，遇事必畏首畏尾，终致失败。

从撤三藩的重大决策可以看出，康熙帝正因为具有过人的胆识，才使他强硬的手段一贯到底。

所谓"三藩"，指的是顺治年间清廷派驻云南、广东和福建三地的平西王吴三桂、平南王尚可喜、靖南王耿继茂及其子耿精忠。尚可喜、耿继茂的父亲耿仲明以及孔有德原来都是明将毛文龙的部下，明蓟辽总督袁崇焕擅杀毛文龙后三人辗转流徙，最后投降后金（清）。

顺治十六年初，清廷根据经略大学士洪承畴的建议，命吴三桂驻镇云南，尚可喜、耿继茂驻镇广东（次年耿改福建）。"三藩"分驻为彻底消灭永历政权及有效抵御郑成功的进攻起到了应有作

用，但随之而来产生了"三藩"拥兵自重、势力恶性膨胀问题。

除垄断地方军政大权外，"三藩"还在各处把持驻地财源，搜刮、鱼肉当地人民。吴三桂不仅据有明永历帝所居五华山故宫为藩府，而且将明代黔国公沐天波的庄田作为自己的藩庄，又圈占明代卫所军田，将耕种这些土地的各族农民变为自己的佃户，恢复明末各种苛重的租税和徭役。

尚、耿二藩也是如此。他们于顺治七年（1650年）十一月攻占广州后，便创设"总店"负责征收苛捐杂税。

"三藩"势力的不断膨胀，必然加剧它与中央政府的矛盾，随着统一大业的初步实现，这种矛盾关系变得日益尖锐。为消除"三藩"割据之患，康熙亲政后不得不认真考虑撤藩问题。

实际上，在正式撤藩以前，清廷已开始采取限制措施，以达到逐步削减"三藩"权势的目的。一是于康熙二年收回吴三桂的大将军印以节制其权；二是于康熙四年和六年二次裁减云南绿营兵额以削其势；三是于康熙四年、六年申严藩下官员欺行霸市、与民争利的禁令；四是于康熙六年五月批准吴三桂以有眼病辞去总管云贵两省事务的请求，并于次年趁其亲信下三元回旗养母之机，另派汉军正蓝旗人甘文任云贵总管，并规定藩下人员不得任督抚等。

康熙铲除鳌拜后，更加紧进行整顿财政，筹措经费；扩编佐领，加强训练，以提高八旗军队的战斗力；采取缓和民族矛盾和阶级矛盾的措施，以争取民心等撤藩的准备工作。在康熙的努力下，撤藩之势已成，只待有利时机。

在"三藩"之中，尚可喜是唯一一个愿意告老归乡的人。他在顺治十年就以四境已安、自己身体不好为由，请求回京调养。两年后又再次请求将故明鲁王虚悬地亩拨给耕种，或回辽东故地筑居安插，但因当时广东还没有完全稳定下来，清廷没有批准他的请求。康熙十二年初，尚可喜年届七十，眼见朝廷对藩镇疑心日重，便上疏请求带两佐领官兵为随护，率藩下闲丁等二万余口归老辽东；同时让儿子之信袭其王爵，带兵继续镇守广东。清廷认真讨论后作出了全藩撤离的决议。

吴、耿二藩听到尚藩撤离的消息后大受震动。他们为试探朝廷态度，消除清廷对他们的怀疑，也于七月初上疏请求撤藩。出乎吴三桂意料的是，康熙接奏后即表示同意，并令议政王大臣会议讨论。

吴三桂等请求撤藩本是试探之举，现在眼见永镇云南的幻想破灭，便决心以武力反叛清廷。十一月二十一日，他集合藩下官兵，当场杀害拒绝从叛的云南巡抚朱国治等人，扣留使臣折尔肯、傅达礼，发布反清檄文，自称天下都招讨兵马大元帅，蓄发易衣冠，标榜兴复明朝，起兵反清。

康熙十二年底，吴三桂反叛的消息传到北京后，举朝震惊，不少人责怪倡议撤藩者轻议误国，大学士索额图更力主将倡议撤藩者正法以谢罪吴三桂。但康熙表现得十分冷静，断然否决索额图等人的意见，积极布置平叛事宜。

为将战事控制在云南、贵州、湖广三省境内，康熙立即派前锋统领硕岱带每佐领前锋一名，兼程前往咽喉要地荆州（江陵）

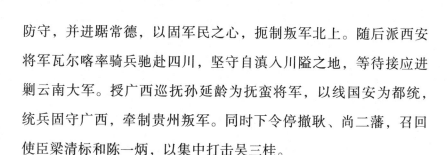

防守，并进踞常德，以固军民之心，扼制叛军北上。随后派西安将军瓦尔喀率骑兵驰赴四川，坚守自滇入川隘之地，等待接应进剿云南大军。授广西巡抚孙延龄为抚蛮将军，以线国安为都统，统兵固守广西，牵制贵州叛军。同时下令停撤耿、尚二藩，召回使臣梁清标和陈一炳，以集中打击吴三桂。

同年十二月二十七日，康熙还发布一个政策性极强的诏书，声讨吴三桂背恩反叛的罪行，表示清廷武力平叛的决心，同时告诫云贵两省官兵百姓各自安分自保，不要听信诱胁；已从贼者如能悔罪反正，既往不咎；家属亲友不加株连。并号召他们擒斩叛军。

康熙为保证东南财赋供应，还注意到长江下游重镇安庆的防务。

为保护东南财赋之地，并防止吴、耿会师江西，康熙及时地加强了江南各地的军事力量，除原有的江宁将军额楚、杭州将军图喇及镇海将军王之鼎等人外，又任命一批将军率兵镇守各地。

与此同时，吴三桂也与清廷玩起了"和平"游戏。四月初，他放回朝廷使臣折尔肯和傅达礼，捎回表示愿意和解的奏文。不久，达赖喇嘛也出面建议"裂土罢兵"。但康熙态度坚决，坚持认为对反叛之徒必须消灭。为彻底粉碎吴三桂要挟朝廷的幻想，康熙采纳诸王大臣建议，于四月十三日决定将吴三桂之子吴应熊及其子吴世霖处绞。吴三桂为此深感绝望。

康熙深知，要取得平叛战争的最终胜利，不仅要在政治上和心理上克敌制胜，更需要在军事上压倒敌人。为此，他从六月到九月又陆续在湖南、浙江、四川、江南、广东各路增派大将军。各路大将军的任命和出征，使平叛阵容大为改观，不仅充实了兵力，也便于统一指挥，大大增强了稳定战局、应付意外事变的能力，也为主动进攻、收复失地创造了条件。

早在平叛战争开始时，康熙就有招抚叛军的想法，亦曾连降招抚专敕，但因收效不大而被忽视。王辅臣叛乱被平定后，康熙又开始重视"剿抚并用"的策略，并将其推广到各个战场。

第一个目标被定在福建耿精忠身上。康熙一向认为耿精忠叛乱不同于吴三桂，他没有吴三桂那样的野心，是个可以招抚的对象，为此在处死吴应熊父子时，并没有处罚耿精忠在北京的诸兄弟，随后还不断派人前往招抚。康熙十五年夏秋之际，耿精忠因郑经占据漳州等七府之地与郑经发生尖锐矛盾，加之耿军军饷匮乏，军心涣散，清军便乘机攻入福建，并很快收复延平（南平）等地。耿精忠无力再战，被迫出降。康熙为了给其他叛军树立榜样，并没有处置耿精忠，而是让他保留王爵，率部随大军征剿郑经。结果，郑经的军队很快被赶回台湾，各地叛军纷纷投诚，福建、浙江相继平定。

驻守广东的尚可喜，在吴三桂叛清后一直忠于清廷并被晋封亲王，总管广东事务，康熙十五年长子尚之信代理事务后，即在部将影响下叛附吴三桂。对此，康熙认为，尚之信势力不强，吴三桂也不信任他，只要顺利解决福建问题，尚之信不难招抚。为此他只令简亲王喇布进逼广东，集中力量解决耿精忠的叛乱问题。同年十月，耿精忠降清并被保留原有王爵，尚之信遂在支持清廷

的部下影响下，主动派人到简亲王喇布军前请降。次年四月，尚之信率部降清，康熙命他袭封平南亲王，下属将领各复旧职；同时清军进驻广东，反叛将领纷纷投诚，广东全境平定。

随着陕西、福建、广东叛乱问题的相继顺利解决，康熙还将"剿抚并用"策略全面推行于湖广、四川、云南、贵州等省。只是随着形势的发展，这一策略的具体内容有所变化。如对投诚官兵的安排由原来的优升职级、不打散原编制改为军官陛见候补，士兵或归农，或补充绿营；招降的对象也集中在吴三桂手下的骨干分子身上，并让他们回到南方做内应工作。另外则是对降而复叛者从重处理。

二月初一，康熙为"速定云贵"，将进入四川的两路大军合为一路，由将军吴丹、鄂克济哈与赵良栋一起进兵云贵。三月下旬，赵良栋以云贵总督身份提出由湖广、广西、四川三路同时进兵云贵的建议，被康熙采纳，并被授予便宜行事的权力。康熙二十年正月，大将军赖塔从广西进入云南，并在二月份进逼云南首府昆明。征南大将军彰泰也率军进到昆明附近。

在四川方面，康熙重新启用王进宝、赵良栋等汉军将领，并调换了指挥不力的满洲将军吴丹等人，很快取得明显效果。从三月起，赵良栋先后收复被叛军攻占的泸州等地，并于七月追随叛军进入云南，叛军将领胡国柱战败自杀，马宝投降，夏国相也在逃到广南后投降。赵良栋即于九月进抵昆明。

赵良栋到达昆明后，鉴于清军围城久攻不下、粮饷供应出现困难的问题，建议就近速战，同时要求改变过去将俘虏尽发旗下为奴的做法以瓦解其斗志，获得康熙的支持。十月，在清军四面猛攻之下，叛军大败，吴世及其重要谋士郭壮图等人被杀，余众献城投降。历时八年的平叛战争至此结束。

对于康熙领导的平定"三藩"叛乱及撤藩活动，我们应该有两点明确的认识：

其一，藩镇势力的恶性发展及其以后的叛乱活动，是违背社会历史发展趋势的。因为当时国家统一局面已初步形成，人民经过长期战乱之后渴望社会稳定，社会经济急需恢复和发展。而"三藩"势力的发展，不仅阻碍封建中央集权政治的发展和国家统一局面的稳固，而且不利于当时社会经济的恢复发展。如藩镇势力对当地人民的横征暴敛，以及对当地人民生命财产的公开掠夺，不仅激化了社会矛盾，也阻碍了当地社会经济的发展。因此，康熙撤藩及对叛乱活动的坚决镇压，顺应了社会历史的发展，有利于巩固国家统一局面的操纵和促进社会经济发展，因而是值得充分肯定的。

其二，尽管康熙在撤藩的策略问题上有严重失误之处，如简单地以一纸通令将三藩并撤，从而使矛盾过早激化，诱发了这场大规模叛乱活动的爆发，使国家和人民付出了相当大的代价。但康熙在撤藩问题上的认识明确、态度坚定，在平叛过程中表现出来的异常镇定、果决，军事部署方面的周密、高明，以及善后处理过程表现出的高度策略性，都充分展现了他作为一个杰出封建君主的操纵才能，对平定叛乱以及最终解决"三藩"问题，起到了重要的作用。

了解真相才能决策正确

　　稳局之稳，建立在布局者决策正确的基础之上，决策正确又以对事实的了解为前提，康熙以深入"基层"的方式了解真相，使他始终能稳稳地操纵全局。

　　通过严格立法约束官吏的行为是整饬吏治的一个必要环节，但却不是充分条件。因为任何立法都需要人来执行，因而人才是操纵稳局的关键因素。对此，康熙倾注了大量精力，除运用通用的考察办法对官员进行考察外，尤其注重亲自考察，并利用亲近大臣密奏的办法了解官员的真实情况。

　　当时通行的考察办法有三种，即京察、大计和军政。京察是考察京官的，六年举行一次；大计考察京外官，三年举行一次；军政是考察武职官员的，五年举行一次。届时，在京衙门三品以上官，地方督抚及提督、总兵自陈功过，由吏部、都察院开列事

实具奏候旨；下属官员分别由京堂官、督抚、提督填注考语，造册开送吏部和都察院考察分等。有卓异、称职、不谨、贪酷等别，然后按例升赏、留任或降革。以上考察形式，往往因人数众多和人际关系等主客观因素的影响而流于形式。不过康熙时期对此有所修正，就是在大计、军政之外另行"两年举劾"之制，由军政长官举劾下属功过，分别奖惩；京堂官可以随时对属下甄别、指参。

康熙亲察形式多种多样。如在京各衙门建立注册考核制度，规定部院官员因病因事不上衙门均需登记注册，"以凭分别勤惰"。康熙通过随时翻阅登记簿，就可以准确掌握官员的出勤情况，以备奖惩。如五十三年二月，康熙发现翰林等官告假者竟至三分之二，随即决定："有告病回籍者，全行解职回家！"

对各省督抚等大吏的考察主要集中在他们赴任前的陛辞过程中。按照清代的规定，凡新任督抚提镇等官，在正式就任前，非经特许，都要亲自向皇帝辞行请训。陛见时，康熙往往还和他们共同研究当地的问题以及前任官的得失。通过这项内容，康熙便可熟悉这些官员的身体状况、见识和能力，为以后进一步考察任用提供参考。如康熙二十四年二月十三日，新任漕运总督徐旭龄陛见，康熙同他研究了禁陋规、节冗费、整理官吏队伍等问题。康熙知道徐任山东巡抚时居官清廉认真，故将他升任此职，勉励他正己率属、清除漕弊。徐感激皇上的知遇之恩，提出了一套禁陋规、节冗费的计划，受到康熙的称赞和支持，他的计划也得以批准。康熙还同即将赴任的广东提督许贞研究缉捕盗贼问题。许

原为郑成功部将，降清后授左都督，驻赣县垦荒，耿精忠反乱时，他起兵剿贼，屡立战功，授总兵，以骁勇善战著称。陛见中，许贞详细分析了广东盗贼情况，并提出合理建议，受到康熙的称赞。许贞的才干也自此为康熙所熟知。

康熙在批阅题疏时也注意考察官员。湖南巡抚韩世琦奉命采办楠木，他却上疏称四川酉阳土产楠木合式，请求让四川督抚办理。不久他改任四川巡抚，又奏称距酉阳路途遥远，不便前往察看，请行交湖广督抚就近察看。康熙由此看出他办事不认真，善于推诿，故令吏部严加议处，将其革职。原任甘肃巡抚布喀，在陕西灾荒时擅停宁夏等处济运陕西之粮，而将西安所属长武等州县库粮私行挽运，运粮迟延之责皆委之西安所属官员。不久他调补陕西巡抚，又请令甘肃巡抚将宁夏粮挽运，迟慢之罪又卸委他人。康熙见他只图个人功名利禄，不顾军民生死，品德恶劣，特旨拟斩，监候秋后处决。康熙还通过阅读刑部秋审重囚档案发现，其中字错误处很多，断定九卿复审存在流于形式的问题。他认为此类文书关系人命，一字一句地错误都不能容许，因而下令都察院严察议处。此外，对专事奉承、谬言事件、冗长浮泛的问题，康熙也都一一指出，严令改正。

康熙在巡视活动中也注意考察官吏。他一生巡视活动甚多，仅南巡就有六次之多。每次出巡，各有视河、谒陵、狩猎、避暑等具体目的，但周览民情、察访吏治则是经常性任务。如八年（1669 年）二月巡行近畿时，康熙发现通州知州欧阳世逢及州同李正杰、副将唐文耀三人庸劣无力，俱令革职，并追究直隶督抚

不早行参奏之责。二十三年首次南巡经过江苏宿迁时，发现漕运总督邵甘问题不少，将其撤职，令随旗行走。二十八年第二次南巡结束，康熙根据一路了解的情况，任免一批高级官吏，如漕运总督马世济以疾病原品退休，由兵部侍郎董讷接任；原河道总督勒辅实心任事，劳绩昭然，复其原品；杭州副都统朱山庸劣解职等。康熙四十六年第六次南巡中，了解到著名清官张伯行、陈鹏年等人受到两江总督阿山迫害的真实情况。通过出巡活动，康熙还发现，各省文武官员普遍存在因循怠玩的弊病，因此敕令各督抚提镇等官，通行所属，严加整顿。对于出巡访民察吏的效果，康熙曾不无得意地说："居官贤否，只有舆论反映最准。如果真是贤吏，询问老百姓，百姓自然会交口称赞；如果不是贤吏，询问百姓，百姓必定会含糊其词。官吏是否贤明，于此可以立即明白。"

康熙很重视亲信密奏的作用，特别是在其后期，阶级矛盾和统治阶级内部党派之争交织在一起，情况复杂，各级官吏很少据实上奏。康熙为掌握真实情况，便把密折视为特别耳目，亲自批阅。开始时，密奏权只授予一些亲信大臣，如差遣到各地办事的钦差，可专折密奏所见所闻，典型者如江宁织造李煦等人即是。后因发现派出钦差等人有在外为非作歹者，又给督抚密奏并擒拿歹徒之权。再后来大臣、总督、巡抚、提督、总兵等亦许密奏。

密奏方式确曾收到一定效果，查清一些通过正常渠道难以查清的问题。康熙五十年江南科场案被公开披露后即发生督抚互参事件。江苏巡抚张伯行疏参两江总督噶礼与考官通同作弊，揽卖举人，胁索银两，而噶礼则疏劾张伯行挟嫌诬陷、监毙人命等事，

双方互不相让。加之主审案件的钦差张鹏翮等人圆滑世故，或拖延审察，或模棱两可，致使情况愈审愈乱，无法处理。康熙便令苏州织造李煦秘密调查奏报审案实情、江南群众反映及噶礼、张伯行的具体情况等。根据李煦的如实反映，康熙了解到噶礼、张伯行所反映情况均有其事，只不过是双方原有矛盾，借此相互倾轧而已，于是他亲自作出处理：噶礼原来声名就不好，加之有收取贿赂的行为，革职；张伯行素有清官之名，但办事苛求并有一定过错，革职留任。

但密奏也并不绝对可靠，人们可以利用这种方式反映真实情况，但也可以利用它隐恶扬善，巧取功名，甚至可以利用它诬陷他人，关键是对其进行认真鉴别和正确掌握，即如康熙所说："密奏亦非易事，稍有忽略，即为所欺。"但它确实在某种程度上也能反映客观情况。

尽管康熙的做法有其历史局限性，但他了解下情、了解实际的思路是正确的，就当时的条件来说，也起到了应有的作用。

第六章

细　局

专抓局部的关键之处

没有重大变故，没有大起大落，没有生死存亡，这种情况下布局者宜从局部入手，抠细节、抓关键。古人说"创业难，守业更难"，创业者风云际会，身处时代的风口浪尖上，只要能操稳舵盘，就能控制全局。而守业之难，难在大事已定，小问题不断，如果布局者没有细心思、小手段，小问题就可能演变成大问题。

示之以明，惩之以威

　　有时候，必须用一些方法才能达到让局面更稳妥的目的。布局者为了消除势力集团的侵扰，要有一双看穿是非的慧眼，让对方感到自己的威猛。

　　乾隆初政时，康熙第十六子庄亲王允禄是辅政大臣，他的地位在王公亲族中尤其显赫，于是以他为中心逐渐形成了一个小势力集团。最初乾隆认为他们一伙人是"庸碌之辈"，不会有大作为，尽管允禄毫不顾忌地凭借特权援引勾结，作威作福，但毕竟他们能力还是有限，对皇权也造不成大威胁。于是乾隆就睁一只眼闭一只眼地容忍他们。到乾隆四年时，乾隆发现允禄他们竟成了小气候。允禄和理亲王弘晳（康熙时已废的允之子）、火器营都统弘升（恒亲王允祺之子）、弘昌（怡亲王允祥之子，贝勒）、弘晈（允祥之子，封宁郡王）、弘普（允禄之子，贝子）等人互相趋奉，"私

103

相交结，往来诡秘"。这时候，乾隆就不能不提高警惕了。他积极采取了措施来揭露他们的阴谋，深恐"将来日甚一日，渐有尾大不掉之势"。

弘升在雍正朝获罪被圈禁，后被放出在家思过。乾隆继位后，施恩任命他为火器营都统之职，乾隆因此案训他不感恩悔过，竟"思暗中结党，巧为钻营"。并斥责"弘昌秉性愚蠢"，自小不服管教，到处惹是生非；"弘皎乃毫无知识之人"，最严重的是弘晳，其"自以为旧日东宫嫡子，居心甚不可问"；而允禄"全无一毫实心为国效忠之处，惟务取悦于人，遇事模棱两可，不肯承担，唯恐于己稍有干涉"。这些人胆敢目无国法君王，"结党钻营"、"不守本分"、"饮食宴乐"，乾隆认为他们已经觊觎皇权，图谋不轨了。

为了确保皇权处在更有利的地位上，乾隆大帝采取了"制造罪名，防范出祸"的措施。于是，弘升首先被以"挑动事端，使我宗室不睦"为罪名逮捕，交宗人府审问，再进一步做调查。紧接着，允禄被以"结党营私罪"革去亲王双俸、议政大臣和理藩院尚书职务，保留亲王封号；弘昌、弘普分别被革去贝勒、贝子封号。这几个人的罪状均笼统含糊，未指明实事。只有弘晳问题较大，竟在王府内仿照国制，设置会计、掌仪等司，并曾多次请巫师降神，问不该问之事，如"准噶尔能否到京，天下太平与否，皇上寿算如何，将来我还升腾与否？"这表明，弘晳还有企图复辟的大逆之罪。弘晳最后被乾隆永远圈禁在景山东果园，与他一起圈禁的还有弘升。

仔细探究允禄、弘晳案，可以发现，乾隆之所以尤其对弘晳

不能容忍，其原因就是他和乾隆一样，从小聪慧过人，都得到过康熙的宠爱，当时就有人猜康熙因弘晳之故，可能恢复允礽为太子。弘晳与乾隆一样被皇祖抚于宫中，并且时间比乾隆更长，自然就是乾隆的竞争者，故乾隆对他尤其不满了。并且弘晳府中的体制和服饰在一定程度上是得到雍正特许的，即是可以超过一般王公的，然而这也成了他获罪的一条重要原因。可见乾隆的目的是一定要除掉这支渐成气候的政治势力，而挖空心思制造罪名，以儆效尤。

在对待宗亲的问题上，乾隆颇会玩弄权术，既惩戒了亲贵，又维护了自己的好名声。一次，和亲王弘昼与裕亲王允禄、履亲王允、慎郡王允禧、顺承郡王斐英阿等奉命盘查仓库，这本来是例行公事，这些王爷们马马虎虎，敷衍了事，想不到皇帝却借此做文章，责他们"未能尽心"，要议他们的罪。宗人府哪敢得罪这些凤子龙孙，只能建议革除他们所兼的都统或者罚除都统俸饷，请皇帝在两种处分中任择其一。乾隆很不高兴，指责宗人府"两议请旨，故意尝试，甚属取巧，如此瞻徇，岂受其请托耶？抑借以倾陷耶？"将宗人府王公严加议处。然后又命都察院严查议处。

都察院的官吏们接到这一棘手的案件，同样也是战战兢兢，不知道皇帝的葫芦里卖的什么药，只得从严议处，革去上述宗室的王爵。不料乾隆又大发脾气，说："王公等非干大故，从无革去王爵、降为庶人之理，都察院果以此议当乎？否乎？……明知朕必不革去两亲王两郡王，而故如此立义，以为可以立身无过，而于朝廷之体制、事理之当否，概不之论，是岂大臣实心敬事之

105

道。……乃诸臣议事，一不衷之于理，非以尝试取巧，则以从重而恩出自上为自全之术，无以实心为国家任事者，朕将奚望，亦甚自惭。"

结果，这些王爷们被罚俸一年，而都察院官员们都被革职留任。乾隆大帝的心机真是高深莫测，这无非要让王爷们知道：自己是绝对的权威，对任何人可以生杀予夺。同时也告诫百官们：即使皇亲国戚，也必须依法处理，既不许徇情包庇，也不许故意重处，把罪过和处理的责任都推到皇帝的身上。

乾隆御弟弘瞻遭到惩戒后，"闭门谢客，抑郁生疾"，于是，乾隆亲赴探视。弘瞻在被衾中叩首谢罪，乾隆大帝竟也被手足之情感动得呜咽失声，拉着弘瞻的手说："只因你年少而稍加斥责，哪知道竟使你得这样重的病。"并马上恢复了弘瞻的爵位。只是为时已晚，不久弘瞻便一命归天了。由此来看，此中虽有乾隆的后悔之意，但也不能说当初就没有一点小权术掺杂于亲情之中。

在弘瞻死后，乾隆又亲临其殡所赐奠，可谓弄权有术，所有臣子亲族不过是其手中的卒子罢了。

乾隆时期，清朝专制统治已到了登峰造极的境界。乾隆曾说"我朝纲纪肃清，皇祖皇考至朕躬百余年来，皆亲揽庶务，大权在握，威福之柄，皆不让臣下，实无大臣敢于操窃"。他的话确是事实。他将皇权把握得密不透风，连一点异端都容不得，自然能够乾纲独断了。在清朝历史上，自从乾隆把亲贵宗室斥于权外之后，此后一百多年之内，再没有发生过皇族内部的重大冲突和矛盾，这也算是成效。

养才智为我所用

得才者得大局。"拜天下名儒为我师，植我情谊，富我所学，修我身心，用之而益天下。"这是乾隆常说的一句话；"靠文才去乐育人才"也是乾隆常说的一句话，可见这位"才智皇帝"果然名不虚传。

乾隆在位时期，特别喜欢到政治和经济重地江浙去视察，也即南巡。南巡自然是有目的的，一是考察民情，二是检视吏治，三是体验自己在民众中受欢迎受拥戴的程度。在这后面一条中，尤其是争取江南士绅和文人的支持与爱戴是南巡的一个重要目的。

每次南巡，乾隆大帝总是从多方面地笼络江南士大夫，这是因为江南多出才子，并且江浙一带也是文化极其发达的地区。在乾隆皇帝编辑《四库全书》时，江苏浙一带的士子就献出大批珍贵的图书文集。其中献书最多的人就有浙江的鲍士恭、范懋柱、汪启淑和江苏的马裕四个人，他们每人各献书五百或七百多种，为表彰他们的此举，乾隆大帝赏给他们珍贵的《古今图书集成》各一部。在这次献书活动中，贡献一百种以上的人还有江苏的周厚、蒋曾莹，浙江的吴玉墀、孙仰曾、汪汝等人。乾隆皇帝又赏给他们《佩文韵府》各一部，以示鼓励。

乾隆四十五年，乾隆大帝第五次南巡不久，《四库全书》编成，到了他第六次南巡时，便下令将三套《四库全书》分别藏于扬州的文汇阁、镇江的文宗阁和杭州的文澜阁，供江南文士阅读使用。为使士子们真正能看到此书，乾隆皇帝还特别命令地方官不得拒绝士子们借出"观摩誊录"。不能让《四库全书》"徒为插架之供"，"以副朕乐育人才，稽古右文之意"。这样做，自然让江南士子们深感皇恩无边，从心理和思想上认同他的统治。

在南巡中，对于休致或因故居家的沿途文武官员，乾隆皇帝大都根据具体情况或重新起用，或进行嘉奖。第一次南巡时，就下谕起用浙江人陈世倌复为大学士，原礼部侍郎沈德潜按原官赏给本俸，原被革职的提督杨凯被补授为河南河北镇总兵。

凡是在南巡途中献诗的文人学士，乾隆大帝都规定通过考试来授予官职和科举功名。因为江苏、安徽、浙江三省的文人在朝廷做官的人太多，不得不采取"应试之人多而入学则有定额"的办法来限制，现在因为献诗，乾隆大帝又特命适当扩大这里的录取名额。乾隆皇帝还参观书院，颁赐书籍。这样的考试是皇帝特别加恩加试的，称为恩科。在南巡恩科中，乾隆皇帝出的试题比较活。如当时浙江海塘需要修筑，乾隆皇帝便以《海塘得失策》

以试题，不仅是考诗文功夫，而且考经济对策。

在二次南巡时，江苏、安徽两省进献诗文的人经过恩科考试，列为一等的王昶已中了进士，被乾隆皇帝授为内阁中书；另有曹仁虎、韦谦恒、吴省钦、褚廷璋、吴宽、徐曰琏特赐为举人，授予内阁中书学习行走；列为二等的刘潢等十四人各赏给缎二匹，以示鼓励。

在江浙之中，乾隆皇帝最为推崇的文人就是以诗文著称的沈德潜和钱陈群。作为至尊天子，乾隆皇帝并不羞于与文人墨客为伍，为了写诗，也常找诗友联句唱和，所以，他和诗人的关系一直很密切。尤其是沈德潜，乾隆皇帝早年就很赞赏他，说："德潜早以诗鸣，非时辈所能及。频年与之论诗，名实信相副。"还戏称沈德潜为"江南老名士"。沈德潜以诗发迹，官至礼部尚书，辞官回籍时，乾隆皇帝赐给他人参，并赋诗褒奖。

另有浙江人钱陈群。在乾隆南巡时，钱陈群于吴江迎驾献诗，后来官至刑部侍郎，他的儿子也被赐为举人。乾隆皇帝每年都写上百篇诗寄给钱陈群唱和，并夸赞说："陈群深于诗学，书法亦苍老。家居以后，每岁录寄御制诗百余篇，命之和，陈群既和韵，并写册页以进。"

对沈、钱二人，乾隆皇帝诗曰："东南有二老，曰钱沈则继。并以受恩眷，佳话艺林志……"

看到乾隆大帝如此优容士人，江南的士子文人"群黎十庶，踊跃趋近，就瞻前恐后，绅士以文字献颂者载道接踵"。尽管时隔二三百年，这种竞相向皇上献诗作应景诗文的情状，现在想来

确是别有趣味，体现了封建文人的可怜相。

由于江浙一带一直是明朝遗民活动的中心，所以为了缓和清朝统治者与汉族士子之间的矛盾，乾隆皇帝在南巡时，只要是御道 30 里以内的历代名人名臣祠墓，就亲往祭祀或者是遣官致祭。乾隆皇帝四次到明孝陵朱元璋墓前祭奠，还传谕地方政府对陵墓加以保护，并为明陵题写匾联："开基定制。戡乱安民得统正还符汉祖，立纲陈纪遗模远更胜唐宗。"

明孝陵乃是汉族士人的精神寄托，乾隆皇帝不计前嫌，对明陵如此礼遇，自然会得到汉族士人的拥护和叹赞。其实雍正朝时期，雍正帝对此已有明确表态，要保护明陵。在南巡中，受到乾隆皇帝祭祀的人还有范仲淹、岳飞、方孝孺、于谦等多位名臣名将。在岳飞祠堂，乾隆皇帝亲题"伟烈纯忠"四字匾额，并写《岳武穆墓》诗：

"读史常思忠孝诚，重瞻宰树拱侍城。

莫须有狱何须恨，义所重人死所轻。

梓里秋风还忆昨，石门古月镇如生。

夜台犹切偏安愤，相对余杭气未平。"

诗中赞颂岳飞精忠报国的精神，并通过这些祭奠活动，增强大清汉族官员们精忠报国的思想观念。

乾隆皇帝加恩于江南文人士子，并亲往明陵祭奠等行动，使江南人无不感到皇帝开明，皇恩浩荡，因而尽忠尽力于大清国。这是乾隆善养才智的重要手段之一。

束下以严，督下以勤

　　因循守旧是一些人的陋习，因为它缺乏创新故不能促进局面的进一步发展。布局者对此须有高度的警惕性，在看清真相的基础上，以严束下，以勤督下，使局中人保持必要的生机与活力。

　　作为一位年轻的皇帝，乾隆在变幻莫测的官僚政治漩涡中总揽王权，在位63年，没有谁可以专权独治，威胁皇位安危，没有后宫作祟，没有宗室内讧，没有皇子争位，没有朋党聚结乱政，看一看乾隆到底是怎样操纵自己的手腕，游刃于盘根错节的政治关系中的呢？

　　尽管乾隆继位后在政治方针上采取了宽仁的一面，尽管为了政治安定的考虑，他昭雪、平反、安顿了不少皇亲国戚、亲王宗室，但封建专制制度毕竟是残酷的。在政治权力上，作为一名封建君王，乾隆大帝为了巩固自己的统治地位不受丝毫影响，他深深懂

得欲治天下，先治内宫的道理。这是因为：保垒是最容易从内部攻破的。把大量精力用于应付"窝里斗"，那还叫什么君临天下的"人主"或"君王"？于是，乾隆采取了"整顿机制，施政有纲"这一才智。

康熙、雍正都曾从匡正制度入手，大力整顿吏治。乾隆要励精图治，也必须大刀阔斧地整饬吏治。他没有去改革已有的官僚机构，而是针对中央九卿、科道和各省督抚、地方府县衙门存在的不同问题，从封建官吏职责的角度，有针对性地提出整治要求。

对于中央九卿状况，乾隆有个基本估计。六年三月，他说："朕就近日九卿风气论之。大抵谨慎自守之意多，而勇往任事之意少"。所谓谨慎自守，实即不求有功，但求无过的无所作为习气。其通常表现之一是懒散。十一年三月某日，乾隆发现，应召在乾清门等候奏事的九卿，"有因等候稍久而以劳苦含怒者"，甚至"竟不候而归"。他恼火地斥责说："朕机务维勤，不敢暇逸，而大臣则已退食自公，优游闲适矣！……诸臣思之，当愧于心也"。其表现之二是因循推诿。乾隆说："朕闻近来各部院办理，因循成习。每遇难办之事，即互相推诿，文移往返，动往岁月。迨夫限期已满，则潦草完结，以避参议。至于易结之事，又复稽延时日，及至限满，则苟且咨行，以期结案"。这种无所作为习气，与乾隆励精图治的抱负和雷厉风行的作风，格格不入。七年三月清明节，乾隆在勤政殿对九卿说：

"近来九卿大臣，朕实灼见其无作奸犯科之人，亦无闻有作奸犯科之事。然所谓公忠体国，克尽大臣之职者，则未可以易数也。

不过早入衙署，办理稿案，归至家中，闭户不见一客，以此为安静守分，其自为谋则得矣！……至于外而督抚，内而九卿，朕之股肱心膂也。万方亿兆，皆吾赤子。其为朕教养此赤子者，朕非尔等是赖，其将奚赖？今尔等惟以循例办稿为供职，并无深谋远虑为国家根本之计，安所谓大臣者欤！如仅循例办稿已也，则一老吏能之"。

乾隆话很严厉，也很中肯。作为乾隆股肱，九卿大臣不能仅满足于不作奸犯科，更不能把自己混同于老吏，以入署办稿为供职，应深谋远虑国家大计，有所建树。

科道、御史承担着监察职责。乾隆说："夫言官之设，本以绳愆纠谬，激浊清扬。朝廷之得失，民生之利病，无不可剀切敷陈。内而廷臣，外而督抚，果有贪劣奸邪实据，指名弹劾，亦足表见风裁"。但实际上科道御史并未尽责。四年（公元1739年），乾隆就指出："近来科道官员，条陈甚少，即有一二奏事者，亦皆非切当之务……嗣后各精白乃心，公直自矢，毋蹈缄默陋习"。此后，缄默之风虽有所改变，却又转而"摭拾浮器"，以浮言为依据，抓住末节问题作文章，"徒事怀私窥伺"。乾隆认为，言官不能履行职责，关键在素质低。要改变这种状况，就应慎重言官选拔。原来，御史由各部院堂拣选司员保荐，然后由吏部引见，皇帝简命。乾隆以为这办法有局限性，"各堂官保送，皆就伊等所见举出。统计一衙门官员，不过十之一二，其余众员，朕未经遍览，此中或可任科道而不在保送之列，亦未可定"。因此，乾隆三年（公元1738年）时，就改为"例应选翰林部属等官，一概通行引见"，

扩大了选拔对象。但选拔对象太多，皇帝又难以一一考察。降至十一年十月，降旨恢复九卿保荐法，但须经请旨考试后，引见候皇帝简命。

督抚是封疆大臣，身系一方国计民生重任。乾隆对督抚重视，不下于九卿。他说："九卿督抚，皆朕股肱大臣，国计民生均有攸赖"。他要求督抚居官首先要忠于职守，尽心尽责，"处官事如家事"，"若当官而存苟且之心，将百事皆从废弛矣"。八年十一月，他听说巡抚雅尔图"官署鞠为茂草"，湖南巡抚许容以文书废纸糊窗，甚是恼火，认为事虽细，但说明二人"其心不在官"，遂降旨切责，"此即孙樵所谓以家为传舍，醉浓饱鲜，笑而秩终"。乾隆说，督抚有封疆之寄，主要职责是督察属官：

"从来为政之道，安民必先察吏。是以督抚膺封疆之重寄者，舍察吏无以为安民之本……夫用人之柄，操之于朕，而察吏之责，则不得不委之督抚"。

乾隆的话是精辟的。他以"察吏"为"安民"根本，视作封疆大臣首责，也就是从抓各级行政官员入手，抓国家的治理，从而抓住了政治管理的核心环节。他还告诫各地督抚，不要在法令上多做文章，要把督察属员工作认真抓起来：

"（督抚）其有一二号称任事者，又徒事申教令，务勾稽，而无当于明作有功之实效，是但知求之于民，而未知求之于治民之吏也。……古称监司择守令，一邑得人则一邑治，一郡得人则一郡治。督抚有表率封疆之任，不在多设科条，纷扰百姓，惟在督察属员，令其就现在举行之事，因地制宜，务以实心行实政"。

　　从此不难看出，关于法令、官吏和社会安定三者之间的关系，乾隆强调的是官吏的主导作用。他认为，如果一味更张法令，那就是"但知求之于民"，即只知道要百姓遵守这样或那样的法令，其结果只能纷扰百姓，搞得鸡犬不宁。地方治绩如何，不在法令，而在官吏人选，得人则治，任用非人则不治。乾隆如此强调地方官贤与不肖对社会治乱的作用，反对督抚们更张法令，有客观社会因素，也有主观原因。清王朝延续至乾隆时期，封建经济政治体制已定型成套，以改科条为名，行扰民之实，的确不可不防。而作为封建帝王，乾隆又十分自信自己的雄才大略。在他看来，当臣子的只要"仰遵圣意"，照章办事，就可以达到治国平天下目的。因此，与历代帝王一样，乾隆强调的也是人治。

　　乾隆对整个后宫的管束也比较严格，规定皇后只能管理六宫之事，不得干预外廷政事。他还用历史上著名的有德行的后妃为例，作"宫训图"十二帧，每到年节就在后宫张挂，作为百妃们的榜样。其中有"徐妃直谏"、"曹后重农"、"樊姬谏猎"、"马后练衣"、"西陵教蚕"等等。在宫中举行宴席时，乾隆大帝还让后妃们以"宫训图"中的人物为内容，联句赋诗。后妃的娘家中人虽不时蒙得赏赐，也不乏高官显宦，但都不敢过于弄权。

　　乾隆大帝还有一个禁止宦官纵权的措施，就是让凡当差奏事的宦官，一律都要改姓为王。这样一来，外廷官员就难以分辨仔细，避免了他们之间的相互勾结乱政。如果发现太监们有所非为，定处不饶，有个太监是乾隆的贴身之人，因对乾隆说了几句有关外廷官员是非的话，乾隆马上命令将其处死。乾隆还发谕旨说：

凡内监在外边滋扰生事者，外廷官员可以随时处置行罚。

宫中有个叫郑爱桂的太监，经常在乾隆耳边赞扬刑部尚书张照，贬斥户部尚书梁诗正，说他"太冷"。乾隆讨厌太监干政，并洞烛其真伪。事实终于弄清，原来张照舍得花银两破费钱财结交太监，而梁诗正却廉洁自持，不善于笼络太监，所以郑爱桂"喜张而恶梁"。乾隆得知了真相，写诗称赞梁诗正说："持身恪且勤，居家俭而省。内廷行最久，交接一以屏。不似张挥霍，故率称其冷。翻以是嘉之，吾岂蔽近幸。"为此，乾隆大帝毫不客气地惩治了郑爱桂，并降旨要宦官们引以为戒。

还有一个在御前听差的太监，被乾隆直呼为"秦赵高"。其实上这个太监也并没有做下什么大逆不道、弄权使坏的事，乾隆大帝之所以这样称呼他，只是为了向他示警，不要向赵高学习，要安守本分。正是由于乾隆对太监管束严格，清朝再也没有出现像明朝那样太监乱政之事了。

为维护皇权，乾隆改革和完善了各种制度，使太后、兄弟、叔父、外戚、太监等均受到约束和牵制，把皇权巩固到无以复加的地步。乾隆七十古稀时还说："且前代所以亡国者，曰强藩、曰外患、曰权臣、曰外戚、曰女谒、曰宦寺、曰奸臣、曰佞幸，今皆无一仿佛者。"

这一成就的取得，与康熙、雍正逐实加强皇权有很大关系，而乾隆善于把握顺局也是一个不可或缺的因素。

自己退一步让下属进两步

　　主局者大多动不动就毫无节制地役使民力，为了一己一时之私，让大多数人受尽苦楚。相反，如果能自己退一步，众人得到的就是进两步的实惠，布顺局者对此不能不察。

　　乾隆即位十多年后，当百废俱兴，政通人和之时，他大概是在皇宫里待得过久了，总想到处走走，而下江南，则是他最为喜爱的一件事。他是怎么下江南的呢？

　　首次南巡之令，乾隆在乾隆十四年已下达，而直到乾隆十六年才成行。乾隆皇帝执政这么久才想起南巡，其中也是自有一番道理的。

　　乾隆刚执政时就有苗州之乱，宗室内也积存着矛盾、朋党营私等与新政不协调的种种隐患。可以说，那时候政权仍不是很稳定，人心向背也不清晰，还没有雄厚的经济资本和所创下的辉煌

政绩，在当时情况下南巡，根基还是薄了点。

而在经过十几年孜孜不倦地治理之后，乾隆皇帝认为自己已成功地缓和了统治阶级内部的矛盾，扫清了皇权周围的障碍，西南苗疆已被平定，大小金川亦被征服，并且国库内的帑银储备丰裕，足以满足自己南巡之用。于是，乾隆皇帝便决定巡幸江浙，以"问俗观风"为由来达到自己南巡的愿望。

第一次南巡的筹备几乎用了两年的时间，虽然乾隆皇帝多次下谕，责令群臣不得铺张浪费，扰乱民间，但是，如此大规模的行动所耗费的物资之巨，是可以想象得到的，难怪下臣们反对皇上下江南，这是因为皇帝一旦决定下江南，他们就不可能不安排得排场些，否则说不定会怎样获罪呢！

乾隆十五年，首次南巡尚在筹备之中，就有河南道御史钱琦上奏，说江南总督黄廷桂"令铺设备极华靡，器用备极精致，多者用至千金，少亦五、六百金，且有随从员役任意勒索，该督复差员往查，唯恐稍有简略。"据钱琦奏报：家居苏州的刑部员外郎蒋楫，竟"独力指办，御跸临幸大路，计费白金三十余万两，亲自督工，昼夜不倦"。仅苏州修御路即用银三十万两。而南巡来回五千八百里路程需要多少银两，而且修筑行宫、征用马匹车辆船只、各省预备饭食蔬菜又要花去多少白银，这自然又是个惊人的数目。

乾隆皇帝首次南巡带了一大批人马，从京城经直隶和山东到江苏，渡黄河，再乘船南下，经扬州、镇江、丹阳、常州到苏州。一路上御道要求平整、坚实、笔直，凡是有石板、石桥的，

需撒黄土铺垫，水道中则要有豪华舒适的船只乘坐，沿途建造无数风格各异、小巧别致的小亭子，几十处气派的行宫，以供赏玩住宿。

南巡的奢华浪费本不是乾隆所求，南巡前乾隆皇帝曾指示各地官吏从俭办理，不得骚扰百姓。他说："所在行宫，与其远购珍奇，不玩好，不如明窗净几，洒扫洁除，足供住宿之适也。经过道路，与其张灯悬彩，徒侈美观，不若蔽屋茅檐，桑麻在望，足觇盈宁之象也。"竹篱茅舍，开轩桑麻在望的景象自然也有趣味，但在趋奉的下臣们那里是不愿做、不敢做的，大家都想竭力把皇帝伺候等更好一些，为此不遗余力，奢华几乎是不可避免的。此外，乾隆皇帝还要求各地督抚不得向随从皇帝出巡的官员馈送钱礼，随从的兵丁也不得骚扰百姓。这一点，倒是相对容易做到一些。

为了让手下官员不至于浪费民力，乾隆皇帝还屡谕军机大臣说："清跸何至，除道供应，有司不必过费周章。"又说："至川原林麓，民间冢墓所在，安厝已久，不过附近道旁，于辇路经由无碍，不得令其移徙。"乾隆皇帝为了不劳累百姓，连老百姓的祖坟是否迁移这样细微的民间小事都能想得到，其爱民之心也非虚拟。

皇帝出行，自然要用气派的龙船乘坐，但是，当臣子奏报说御道中有些河道狭窄，要想通过就得拆去几十座石桥。这样岂不是劳民伤财？

乾隆皇帝闻知为此，马上下谕说："朕初次南巡，禹陵近在百余里之内，不躬亲展奠，无以申崇仰先圣之素志。向导及地方官

拘泥而不知权宜办理之道，鳃鳃以水道不容巨舰、旱地难立营盘为虑，若如此，所议拆桥数十座，即使于回銮之后，——官为修理，其费甚巨，且不免重劳民力，岂朕省方观民本意耶？"

其原拟安立营盘二处，著于此处造大船一只，专备晚间住宿，不必于旱路安营，既避潮湿，且免随侍人众践踏春花之患。朕在宫中，及由高粱桥至金海，常御小船，宽不过数尺，长不过丈余，平桥皆可往度，最为便捷。越中河路既窄，日间乘用，俱当驾驶小船，石桥概不必拆毁。

在这里也想出了个妥善办法，即用小船。他之所以用大船，原是以免随从踏坏庄稼，既如此，为了避免拆桥，只有改乘宽不过数尺，长不过丈余的小船了。这个办法既可以不拆桥，又能省钱，把乾隆皇帝不注重个人享受，力求节省民力的明君形象表现出来了。

为了避免南巡期间影响河运，乾隆还准许地方政府采取一些得力的措施来保证日常运营。镇江等南北航运枢纽外，百货云集，船只往来不断，如果在御舟未至，就早早地把各地往来商船拦截，势必会引起商人集聚，货物也运不到所需地方，导致市场价格上涨。于是，乾隆大帝允许各地在御舟抵达前三、两天内，把商船避入支港，等御舟过后，马上放行。

除了第一次南巡时对百姓有所滋扰外，乾隆皇帝其他几次南巡总的来说对百姓的滋扰并不算太大。为了不让官府以办差为名搜刮百姓钱粮，乾隆皇帝鼓励官府动员当地商人操办差务，这样商人出钱雇佣民夫，还可以增加百姓收入，而官府也不能

借机敛财，损害天子"圣德"。在选择南巡时间时，乾隆皇帝也能够注意避开农忙之日，尽量做到不影响当地百姓的日常生产与生活。

为使百姓们能瞻仰天颜，以慕圣恩，满足百姓的要求和愿望，乾隆皇帝还开明地降谕，允许沿途百姓观望。他对此说："人烟辐辏之所，瞻仰者既足慰望幸之忱，而朕亦得因而见闾阎风俗之盛。"接着就命令地方官：只要道路宽广，就不许禁止百姓观瞻，以免阻塞庶民爱君的诚意。在百姓拥挤着争观天颜时，乾隆皇帝不厌其烦地向他们点头微笑，还说自己看到百姓们争呼万岁的热烈情景，就不忍心进船而让百姓们敬爱之心失望。所以在旅途中，尽管天气有时寒冷，乾隆皇帝也不避于船中。

在南巡回途中，乾隆十六年乾隆大帝看到很多景观均为新建，便下谕说："虽谓巷舞衢歌，舆情其乐，而以旬日经营，仅供途次一览，实觉过于劳费且耳目之误，徒增喧聒，朕心深所不取。"

在第三次南巡途中，乾隆也下谕道："今自渡淮而南，凡所经过，悉多重加修建，意有竞胜。即如浙江之龙井，山水自佳，又何必更兴土木，虽成事不说，而似此踵身增华，伊于何底？转非朕稽有时巡本意，目河工海塘为东南民生攸关，朕廑怀宵旰。"乾隆皇帝竭力要求俭朴，反对奢侈之风，但在南巡途中各地竞相把迎驾场面办得华丽壮观，无奈之中，也只能对此风气屡下谕批评。

历次南巡，乾隆皇帝都特别注意不惊扰百姓，虑事周详，总是尽可能地考虑所有因素，使既能达到南巡的政治目的，又可以

得到百姓的赞颂。

　　以史为镜，我们看到隋炀帝也曾多次南巡，他进一步让天下人为他付出退两步的代价，所以让亡了国；而乾隆的南巡却成为天下美谈，不能不说是他的顺局方略起了作用。

第七章

顺　局

明察秋毫方能进退有序

当你从实力到地位拥有绝对的主动权，并且形势顺利、局面平稳之时，你的布局可如行云流水，随意挥洒。但是且慢，顺局容易使人飘飘然，容易让表象蒙蔽双眼，容易让人进退处置因此而失措。顺局的形成多是因为前人为此打下了良好的基础，正因为有这样一个雄厚的基础，除非胡作非为，顺局不会轻易变成逆局，但想百尺竿头更进一步，把顺局布成一盘大胜局更绝非易事。所以能做到这点的人更是布局者中的翘楚。

切忌才识平庸自守

用人之难，难在知人。仅凭一面之交只能获得粗印象，不妨制定考核人才的办法。

乾隆认为才识平庸自守，是为官无能的表现。于是，乾隆采取了"考核人才，各取所长"的策略，并对考核人才制定了一套自己的办法。

乾隆知道，引见考核人才，仅凭其人之容貌形象与临时之神情应对，只能获一粗浅印象。有一次，吏部引见新任武昌同知王文裕时，他见王文裕相貌堂堂，回答提问声音洪亮，觉得这是个可以造就的人才，就在其名字下面写了个"府"字，意思是此人可任知府。正巧几天后，吏部请求任命安陆府知府，乾隆想起此事，就任命了王文裕。可后来乾隆发现王文裕的同知官是花钱捐的，并没有赴任，他根本就无为官的经验。乾隆皇帝虽然心中十

分后悔，但君无戏言，已不能改变了。只好急忙传谕湖广总督塞楞额和湖北巡抚彭树葵对王文裕留心察看，斟酌奏闻，如果不行，还是仍授同知官为好。虽然如此，乾隆皇帝还是认为通过引见考核人才不失为一个好方法，他自信地说："人才大概，差无遁形，自临御至今四十一年，简阅已多，亦颇十中八九。"

为重视人才，同时又防止滥竽充数之人混入干部队伍，所以乾隆大帝不但对高级官吏严加审定，对于一些低等官吏也留心考察。按清代官制，每三年要对官吏考核一次，京城官员的考核称为"京察"，外地官员的考核称为"大计"。每到这时候都要免职和降职一些不合格的官员，比如那些品行不好的、懒散的、办事不力的、心浮气躁的、年老的、有病的官员等等。

特别是对年老的官吏，乾隆更重视考察，担心他们倚老卖老，或者昏老无为。他要求官员要选择"年力精壮，心地明白"的人做官，并且还对那些因年老而故意隐瞒自己年龄的大臣给予重处。乾隆大帝规定部员属官 50 岁以上的人都要详细考察；京官二、三品，年龄在 65 岁以上的要亲自考核，决定是否任用。对于文官中的知县和武官中的总兵年龄限制比较严格，乾隆大帝认为知县是地方的父母官，"一切刑名、钱役经手事件，均关紧要"，所以不能让年老力衰的人充塞其中。据乾隆十年的统计，奉天、湖北、河南、山东、山西、陕西、甘肃、四川、贵州等 11 个省中"年老"官员有 30 名，"有疾"官员 22 名，"不谨"官员 29 名，"疲软"官员 11 名，"才力不支"官员 24 名，"浮躁"官员九名，均被列入淘汰的名单。

用"京察"和"大计"来考察官员，日久已成为一种表面形式。乾隆大帝对此很不放心，便沿用了雍正时期的办法，轮流引见文职知县以上、武职守备以上的官员。往往在一天之内不厌其烦地召见百余名地方官员，召见时还用朱笔记载自己的想法、意见，写出评语，以便随时任用升迁和降级。他说："每于引见时必执笔标记，详视熟察，虽有碍于观瞻而不顾者，即为知人其难一句！"这表明他对任免官员的高度谨慎。这种引见官吏记载的做法，一直是乾隆识别官员的最直接途径。为此，他还说道："记名道府，用朱笔记载，乃皇考世宗宪皇帝留意人才，以便随时录用，实属法良意美，所当永远遵守。"

乾隆大帝对官员的评价很多，在《清实录》中也有许多乾隆引见官员之后的评语，如评马腾蛟："结实有力，将来有出息"；评额鲁札："忠厚本分，人似结实"；评屠用中："人亦可有出色，道员似可。"还如在十七年，新任直隶景州知府侯珏被引见，乾隆大帝评他为："观其人，似小有才而无实际，未可保其胜任无误。"

在南巡期间，乾隆也比较重视对官员政绩的考察，他还特意用朱笔记作"官员记载片"。在第六次南巡时，与前来迎驾的江西巡抚郝硕交谈后他发现郝硕对属员情况竟茫然不知，并且在地方事务中也没有什么建树，便立即罢了他的官。

清朝知府属于四品官，是"亲民最要之职"，掌领数县，兴利除害、决讼检奸。乾隆大帝以为知府一职承上启下，是州县官学习的榜样。并且他还认为如果知府精明能干，熟谙政事，即使州县官平庸无能，也可以被激发起奋力向上之心。若是知府懦弱无

能，驭下无方，州县官也会苟且偷安，荒废政事。同时，州县官由于职位卑下，无权被皇上引见，其到底如何还得靠知府去检查监督。于是乾隆不断强调：要选娴于政务的人担任知府，并且在任用知府一事上非常谨慎小心，恐怕失察，而贻害地方。

乾隆大帝也知道，以引见的方式来考核官员，仅凭他们的容貌形象和临时的神情应对，只能获得粗浅印象。为此他说"甄核于奏对之时，类乎皮相。"但作为一种差强人意的方法，他仍认为通过引见，"人才大概，差无遁形，自临御至今四十一年，简阅已多，亦颇十中八九"。

为了弥补引见时临时考核的缺点，他还常辅以进一步的调查。乾隆三十一年，新任江西袁州知府唐灿引见，被乾隆评为，"看其人，甚懵懵，于地方政务恐未谙悉"。由于对此人实在是不放心，他便命令江西巡抚吴绍诗留心考察唐灿的政绩并指示说：若唐灿"实在难以胜任，即行具折奏闻，无得稍存姑息"。

乾隆大帝深知掌握任免大权的皇帝对吏治的好坏起着关键作用，责任之重大让他自己都感觉头疼。他说："但人才自昔为难，即如州县等用科目出身之人，原为伊等读书苦攻数十年，始博一官，是以按资铨叙。每于引见时，有年力衰迈之员，欲不用则弃置甚悯，用之贻误地方，不得已令其改教。在伊等摈而不用，则未必尽皆心服。若使强强夺理，方谓一见何以决其不能胜任，究亦难与辨晰。其实衰庸弱茸之员，断不能膺民社重寄，即未经扣除而将就录用徐观其后者，亦不知凡几矣。"这一段话也道出了乾隆大帝在任免官吏上的苦衷实在不少，使他只能尽力而为，任免之中也难免有不妥之处。

　　总之，在乾隆通过各种方法长期考核甄选下，为清政府培养了一批能干的官僚。依靠着他们，乾隆朝达到了统治前期、中期的繁荣昌盛的顺利局面。

做人万不可器局太小

布顺局者易养成颐指气使、气量狭小的习惯。做人气量太小，则不足以成大事。

乾隆认为"做人万不可器局太小"，可见他希望做人器局要大，魄力要强。

乾隆元年三月，他下令总理事务大臣对年羹尧幕僚汪景祺之案作出处理，说："朕查阅汪景祺归案，景祺狂乱悖逆，罪不容诛。但其逆书《西征笔记》乃出游秦省时所作，其兄弟族属南北远隔，皆不知情。今事已十载有余，著将伊兄弟及兄弟之子发遣宁古塔者，开恩赦回。其族人牵连革禁者，悉于宽宥。"

受隆科多案而遭株连的查嗣庭案，也是一件由文字发难的大案，其主要罪名是"趋附"隆科多。为查案平反，有着为牵连隆科多一案人员昭雪的实际意义。乾隆明确表示："查嗣庭本身已经

正法，其子侄等拘系配所，亦将十载，亦著从宽赦回。"

此外，山东道监察御史曹一再上奏，要求彻底查清见事生风、株连波累的文字狱："请敕下直省大吏，查从前有无此等狱案，条例上陈候旨，嗣后有妄举悖逆者，即反坐以所告之罪。"他的建议被乾隆所采纳，说明乾隆确实想尽力纠正前朝株连之风，以树一朝清明之新政。

对于前朝中因各种原因被罢免、废黜和关押人员，乾隆大多根据实际情况，能放则放，能用则用。在雍正朝获罪而确有才华并负盛名的臣子张楷、彭维新、陈世倌、俞北晟四人被乾隆首先予以起用，彭维新、陈世倌命署理都察院左都御史和副都御史，张楷署理礼部侍郎，俞北晟在内阁学士里行走，四人后来都担任过地方督抚大员。原云南巡抚杨名时，因在当时整饬胥役科敛，核实州县需数，酌定数目征收，减除加派，因此使税收有所减少，被雍正指责为"徇隐废弛，库帑仓谷，借欠亏空"，后革职待命云南。乾隆把他召回京师，特赐礼部尚书衔，兼管国子监祭酒事，当他有病的时候，乾隆还特派太医去诊视，给他参药喝，在其死后还赐祭、赐葬、赐谥，并入祀贤良祠。

雍正时因参劾宠臣田文镜而被捕入狱的李绂、蔡二人，及流放充军九年之久的谢济世，都被赦免放出。乾隆大帝授予李绂户部侍郎，谢济世为江南道御史。此外，雍正时因以准噶尔用兵失败，负有大罪的傅尔丹、陈泰、岳钟琪三人，乾隆以岳钟琪平青海有功，傅、陈二人"祖父俱有功勋"为由，谕令释放回家。

雍正时，还有许多官员亏空钱粮，侵吞公款，被勒令追赔，

严加处分的人，乾隆也多以豁免。他对此总结说："朕临御以来，凡八旗部院及直省亏空银两，施恩豁免，已不下数千万。"他即位三个月，一次就宽免了69名欠帑亏空的官员，凡"或已经充发，或监候枷禁，或扣俸扣饷，及妻子家属已入辛者库等罪，概行宽释"。此后，又将历年亏空案中"其情罪有一线可宽者，悉予宽免，即入官之房产未曾变价者，亦令该衙门查奏给还"。"凡亏欠钱粮未还完，奉恩旨宽免者，准予铨选，其子孙应选应补者，俱准入所在班次铨用。"

对犯罪降革的八旗将领，乾隆尽量起用。大批起用降格旗员，如"法海、李楠俱著赏副都统衔，在威安宫官学处协助来保办理事务。白清额俟有副都统缺出，兵部一并带领引见。韩光基、喀尔吉善等，俱著管理圆明园八旗兵丁，鄂昌著在批本处行走，鄂米、觉罗佛保、额伦岱、禄保、尚承恩俱著以该旗参领试用，徐琳著以副将领用，塞都著发给李卫、以副将试用"。这些人后来大多成为乾隆朝中重要的官员和统兵将领，为乾隆的文治武功立下了汗马功劳。

可以说，乾隆为缓和统治集团内部矛盾所做出的一系列举措是卓有成效的。他以"宽则得命"、"君臣相得则治"这一儒家政治观念为出发点，从皇室宗亲，到政府重臣、到八旗将领、降革官吏、知识文人，乾隆大帝无一不涉及，为了统治阶层的团结一心，几乎做到了面面俱到的地步。

这些宽大政策的实施，在很大程度上平息了乾隆初期群臣对严猛政治的不满遗恨情绪，增强了统治阶级内部的向心力和凝聚

力，实现了满汉各阶层人士的通力合作，也使乾隆的政治威望直线上升，为他以后的统治奠下了坚实的基础。

思路清晰，进退有度

如果布局者本人犯糊涂，顺局便会处处出现不顺之兆。思路清晰，才能掌握进退的尺度。

在处理君臣关系上，康熙帝主张推行"柔术"，讲究"君臣谊均一体"。雍正生前推崇严猛，擅长"以权驭下"，而乾隆其实也采用"以权驭下，统御臣属"的策略，因为他的眼光更犀利，看得更明白，进退处置更得当，所以比雍正用得更到位。

乾隆十八年，黄河在铜山张家马路决溢，汪洋一片，损失惨重，这场天灾与人祸有关。原因是河督高斌、张师载的属员李炖、张宾侵帑误工，致使堤防不坚，酿成大灾。乾隆下令将李炖、张宾正法，责高斌、张师载"负恩徇纵"，并让高斌和死囚一同押赴刑场陪斩，还严禁官员泄露将其免死的消息。高斌以为自己也被处死刑，他当时还是皇贵妃高佳氏的父亲，系乾隆的岳丈，已经

年过七旬。在行刑时，高斌吓得魂飞天外，昏倒在地。因行刑后皇帝还要让高斌回奏，高斌醒后奏称："我二人悔已无及。此时除感恩图报，心中并无别念。"

高斌受恩释放后，果然感恩戴德，誓死图报，结果累死在治河工地上。恩威并施，君子无戏言，乾隆的这种权术还颇为管用，使大臣们俯首帖耳地甘受皇帝指使。不过这种权术当今是不可用的，一是谁也没有皇上的生杀大权，二是动辄杀人是侵犯人权，是犯罪行为。

乾隆遇事颇为明察，并事事立爱民之官为表，并以赏赐。乾隆五十年，山东平度州发大水，灾民攀登到城墙和屋顶上避难，肚子空空无食，很多人快饿死了，事情非常的危急。然而这时候知州颜希深因公赴省城未归，无人作主放粮。颜希深的母亲毅然决定开仓赈济，也来不及上报给上司，因此粮而保全了很多人的性命。山东巡抚便弹劾颜希深之母篡用职权，擅发仓谷，应该受到严重的处分。

乾隆知道了这件事情之后，责备说："有此贤母好官，为国为民，权宜通变。该抚不加保奏，反加参劾，何以示激劝？"并马上升颜希深为知府，颜希深的母亲被赐赠三品衔。乾隆这样做，不仅褒扬了为民为国的好官员，而且向群臣表示了自己的良苦用心，即让群臣明白兢兢业业地治理一方，定有妻荣子贵的一天。并且能激起州县地方官吏奋力向上之心，争着为国出力，为民效劳。

为了慑服群僚，乾隆还别出心裁地想出一些惩罚的招数，如

使用小过重责、破格提拔等招数，使大臣们悲喜难料感到天威莫测，不得不小心谨慎地做事。乾隆四年，工部修理太庙庆成灯，领银三百两、钱二百串，乾隆发现领银过多，必有隐情，就询问工部："此灯不过略为粘补修理，何至用银如许之多？"工部官员闻言含混奏复，说这笔银钱是预支的，将来按实用报销，余银还要交回。乾隆知道是哄骗之词，便说："凡有工程例应先估后领"，此无用工后交还多银之事，"该堂官等竟以朕为不谙事务，任意饰词蒙混，甚属乖谬"。就因为这点小事，乾隆大发脾气，工部衙门全堂得罪。尚书来保、赵殿最、侍郎阿克敦、韩光基降级或调用、或罚俸。这一举又使满汉官员大为诧异，心里也暗自紧张，更加谨小慎微，勤于政务。

乾隆洞悉真伪，懂得奖贤惩劣，并时时动之以威权来使他们更加符合政权统治的需要。例如，大学士陈世倌曾受命赈济淮扬灾区，由于身临其境，对灾区饥民非常同情，乾隆每次召见他，陈世倌反复陈奏的事情都是说百姓饱受水旱之苦，国家应大力赈济，并经常说得声泪俱下。以致后来，乾隆不等陈世倌讲话，就先说："陈世倌又来为百姓哭矣！"揶揄之余流露出的却满是赞扬之情。而有时候，却对他横加指责。陈世倌为三朝元老，与曲阜衍圣公孔氏为儿女亲家。陈世倌在山东置买田产被探知后，乾隆大帝说他"无参赞之能，多卑琐之节，纶扉重地，甚不称职，著照部议革职"，"伊乃浙人，而私置产兖州，冀分孔氏余润，斯岂大臣所为？今既革职，著谕山东巡抚，不准伊在兖州居住。"

为时刻把握群臣的行为，了解和监察他们是否认真施政，乾隆大帝还派一些亲信官员秘密调查各省督抚的具体情况，看他们是否营私舞弊，胡作非为。这些官员们殊不知在遵旨调查别人的同时，也被别人正秘密地调查着。这种手段似乎不应是一个堂堂大清皇帝的作为，但为了整饬朝纲，清肃吏治，乾隆大帝不得不采用这个卑鄙的办法。乾隆在实施调查时，也能够摒弃满汉之别，可同等对待，以免他们欺君害民，并根据得来的情报具体给予批示。

乾隆二年，宗室德沛到任湖广总督后，遵命暗中调查总督史贻直，发现他在任内有接受盐商贿赂之嫌，便向皇帝请求可否公开查处。史贻直当时内调回京任工部尚书，此人熟悉政事，有办事能力，因此乾隆指示德沛"史贻直身为大臣，朕不忍扬其劣，当别有以处之"。乾隆三年，管理苏州织造的郎中海保遵旨密查许容，并报告说："苏州巡抚许容，从前历任，具有刻薄之名，观其到任以来，操守廉洁精细明白，实心任声，声名亦好。"乾隆批到："此奏至公之论也。"

乾隆四年，湖广总督班第遵旨调查湖北巡抚崔纪。班第"访得崔纪并无劣迹，但性情浅狭，遇事有偏僻处。现办聚众抗害之劣衿，不速行发落，听其狡展，拖累多人。今经向伊申说，彼知自咎。除与崔纪商，饬属速行，审详结案外，其所参道员崔鼐用，伊曾认为同宗兄弟，有无别情，访确另奏。"乾隆认为班第的调查是"俱秉公议"，给予充分肯定。后来发现崔纪曾挪用公款给亲属使用，又听任百姓买食私盐等事，遂将其撤职查办降级使用。

乾隆十一年，湖北巡抚开泰报告说，他遵旨密查湖广总督鄂

弥达，知其虽然年老体衰，还能正常办理公务，听说他的家人有接受门包之事，数量不多，鄂弥达好像不知道。乾隆为此告诫开泰："非但此也！鄂弥达往查湖南省，令其子拜各属员，亦间有收受礼物者，操兵则全不阅看，朕亦降旨申饬矣。但此其过尚小，求全责备，朕从不为，若过而弗改，并欺朕而益肆者，亦不肯稍宽。"让开泰继续监视调查鄂弥达。

乾隆采用这些出人意料的手段，有效保持吏治的清明，由此也可以看出乾隆主持顺局的过人之处。

宜慎勉，莫自满

天资再高，也要求学；地位再高，也要尊师；饱读诗书且善求师者，才能具德具才。布顺局者既要让别人"宜慎勉，莫自满"，自己也要做到"宜慎勉，莫自满"，即使身为顺局的主持者，也应始终把自己当作一个"学生"看待，因为唯有"学"才能"生"，才能成为让顺局更顺之人。

精通业务才能搞好管理，千万别做门外汉，乾隆对此有深刻的认识，于是，他采用了"勤读好学，以学养生"这一方略。

乾隆作皇子时，从6岁起就开始接受一套很正规和严格的教育，这种教育一直持续了近22年。乾隆在读书学习中掌握了汉族封建文化的精粹，并把它成功地运用到自己的统治中来，这使他尤成为清朝皇帝中的佼佼者。

在少时读书时，乾隆弘历和其他皇子每天顶着白纱灯进书房，

时暮时才辍学，每天诵经研史，吟诗作文，或者骑马射箭，学习时间甚至超过10小时。乾隆自己更是"无日不酌古准今，朝吟暮诵，无日不构思抽秘，据案舒卷。"

于是，在乾隆帝弘历12岁之前，已熟读《诗》《书》《四子》等，并且背诵不遗一字。接下来又学习《易经》《春秋》《戴礼》《性理精义》等宋儒性理诸书，还对《通鉴纲目》《史记》《汉书》及唐宋八大家之文帝通精研。乾隆从这些书中懂得儒家经典和理学精义，在此基础上还对社会现实、民生疾苦、前朝历史有所了解。

汉族封建文化因其源远流长和博大精深而深得清朝统治者的推崇，作为少数民族之一满族出身的大清皇帝，掌握汉族传统文化，无疑是维护其统治的重要一方面。而乾隆大帝无疑非常明白这一点，所以，他身体力行，努力学习汉族传统文化。为了最高统治利益，他又必须按照汉族封建统治的原则去行事和施政。

从14岁开始，乾隆帝便边读书，边开始写文章。最初主要是写读书心得。在他的文章中常见诸如《读韩子》《读严光传》《读欧阳修纵囚论》《读王充论衡》《读宋史河渠志》《读左传晋楚城濮之战》等读后感。从这些读书笔记中来看，乾隆大帝的阅读范围是极其广博的，他很注意从各种书籍中汲取营养，作为巩固大清帝国的施政之鉴。

乾隆皇帝在《读明史》诗中写道："几余何所乐，书史案头横。稽古征文献，诠时验治平。百年民物盛，一代纪纲呈。抚卷增乾惕，还重殷鉴明。"

乾隆还主张"学问以经为重。"号召皇子和臣子们读经，他认为经学是做人的根基，士人要先道德而后文章："至于学问，必有根底方为实学。治一经必须一经之蕴，以此发为文辞，自然醇正典雅。"他还要求人们读宋代周敦颐、程颐、程颢、张载、朱熹五人写的理学著作，说从这些著作中可以得经书真谛："知为灼知，得为实有，明体达用。"从中也可以看出作为深受礼教熏染的封建皇帝，他是很崇奉程朱理学的，尤其是朱子，他认为："汉以后大道沦丧"，宋代理学家振废绝续，使道统得以恢复、发展，功难可没。关于这一点，他还在诗中写道："自汉迄宋初，道昏人如醉。二程实见知，主敬标赤帜。朱子集其成，经天复行地。绝续递相衍，斯文统绪寄。"

这说明，乾隆在做皇子的读书生活中已注意历代治国兴衰之道了，他非常佩服儒家明君贤相政治，研究了中国古代各朝的帝王史。其中最为他推崇的一本治国之书，便是《贞观政要》。他亲自为这本书作序，说每读其书，想其时，"未尝不三复叹。"

乾隆饱读经书，做事情总爱引经据典，连他读书的书房也取名为"乐善堂"，意取古舜"乐取于人以为善"，后汉东平王"为善最乐"。乾隆自称："于大舜之善于人间，虽有志而未逮，而东平王之为善最乐，则不敢不勉焉。"未即位以前他所写的诗文也以"乐善堂"为名，所写的文章的体裁有论、记、跋、序、表、颂、箴、铭、赋、杂著等。雍正八年，他把所写辑成《乐善堂文钞》十四卷，以后陆续增加，在乾隆元年正式刊刻为《乐善堂全集》四十卷；到乾隆二十三年，他又对此集进行删改，成为《乐善堂全集序定本》三十卷；另外还有一本《日知荟说》，这些都是乾隆作皇子时

的课业及作品，从中可以了解到一些他青少年时代的生活经历和思想发展过程。

自从汉武帝设太学、用儒吏，隋唐开始科举考试选才之后，儒家经典和诗词文赋便成为封建时代有识之士的立身之本，在他们做了高官之后，仍以吟诗作文为志趣，而统治者要想与这些官吏们沟通感情，就需要对汉族传统文化了如指掌。

清朝从入关时起，清世祖和他的一代代子孙帝王们就非常重视民族文化，乾隆更是对汉文化了解得精之又精，这对他进行成功统治可以说有巨大的影响。

第八章

巧　局

夹缝之中做大生存空间

每一个人一辈子实际上都是在布一盘人生之局。人生之局的布法有刚、有柔、有巧，宜根据所处环境和个人所长择而用之。如果能像秦皇汉武那样，位居时代的顶端，他的人生之路完全由他自己铺就；但若你虽身居要津，却要为那个掌握局势的人服务，你的人生之局很大程度上就要以他的喜好为指向。这样你身处上与下的夹缝之中，最稳妥的制胜之道就是以巧取胜。巧可以让你脱颖而出，让你化险为夷。巧局难布，但为了做大自己的生存空间，巧局不得不布。

懂得让人喜欢的要诀

一个人要在芸芸众生中活出一条路，首先得被人喜欢和接受，否则布巧局便无从谈起，这个道理似乎谁都懂得，但做起来就不那么容易了。纪晓岚在险象环生的清代官场中左右逢源，总结了不少要诀，很值得钻研一番。

纪晓岚自乾隆十九年（1754年）考中进士，经庶吉士散馆进入翰林院成为一名编修后，一路平步青云，追随乾隆40余年，期间除短暂发配乌鲁木齐外，"一生顺境实多"，这在乾隆一朝堪称是个"奇迹"。与许多大臣不同，纪晓岚的侍君术主要的有一条：不触动君主的逆鳞。这也难怪称为儒臣的纪晓岚，早年先从"申韩入手"，得仕途门径，在官场立住脚后再辅以"儒术"。因此，他一生不是个纯儒。而他的种种侍君术，谜底只能用纪晓岚的机智、智慧来解读。

与君主（尤其是精明的君主）这样的"虎"相伴确实会面临诸多危险和变数，但一旦使他接受你，则又会收到事半功倍的效果。让聪明的君主接受你，就要有超常的智慧和政治技巧。在这方面，纪晓岚是成功者。

纪晓岚中进士后入翰林院，最初任庶吉士，这是翰林院的最低官职。三年后考核合格，成绩优异，始可升编修或检讨。纪晓岚虽然官小年轻，可是文名却在不断扩大。他一入翰林，便以常人不及的捷才与文思，赢得人们广泛的注意与赞许，"当时即有昌黎北斗、永叔洪河之目"。最为重要的是，纪晓岚很快赢得了乾隆皇帝的注意。

纪晓岚入翰林院的那年春节，乾隆皇帝要元宵观灯，诏令文武大臣广制谜，择优行赏。纪晓岚在宫中也挂出了一副谜联，谜联是：

黑不是，白不是，红黄更不是；和狐狼猫狗仿佛，既非家畜，又非野兽诗也有，词也有，论语上也有；对东南西北模糊，虽是短品，也是妙文联上注明上下联各隐藏一字。这副谜联很奇特。它不是利用汉字的拆合法，而是寓意法，文武百官都猜不出。乾隆皇帝一时也未猜到，便问是谁写的，侍臣回答是纪晓岚。便派人询问纪晓岚，纪晓岚回答是"猜谜"二字。乾隆皇帝细细品味，觉得确是如此，纪晓岚的座师，其时任刑部尚书的刘统勋，趁机夸奖自己的门生。自此，纪晓岚在乾隆皇帝心目中留下深刻的印象，经常被召入宫。

乾隆皇帝有意考核这个年轻俊才。一日把他召进宫中，此时

乾隆皇帝在殿外；恰好天空中有只白鹤飞过，乾隆皇帝指着飞过的白鹤说道："以白鹤为题吟首诗给朕听。"

"遵旨。"纪晓岚说。随即张口吟道：

万里长空一鹤飞，朱砂为顶雪为衣。

这两句是从白鹤之白落笔的。纪晓岚正要吟下去，乾隆皇帝插话道："那不是白鹤，而是一只黑鹤。"乾隆皇帝指着飞去很远的白鹤说。他故意改变所咏的对象，看吟诗者如何续吟下去。

纪晓岚看着远去的白鹤，在暮色中确是成了一个小小的黑点。但他知道乾隆皇帝有意试才，于是赶快改口，继续吟道：

只因觅食归来晚，误入羲之蓄墨池。

这样一来，两方面的现象都照顾到了，而所咏对象仍是一个。乾隆皇帝听了十分高兴。

又有一次，乾隆皇帝正在赏花，纪晓岚恰好入宫奏事。乾隆皇帝别的事暂不问他，却指着那些鸡冠花说："以此为题，作首诗如何？"说完望着他神秘兮兮地笑。

纪晓岚略一思索，吟道：

鸡冠本是胭脂染，体态婀娜满红光。

这是就红鸡冠花而言的，再吟下去当然还是这意思的发挥。不料此时乾隆皇帝从背后拿出一朵白鸡冠花来，笑着说："你说错了，这是白的呵！"

纪晓岚意识到又遇到上次同样的麻烦，于是立即改口说：

只因五更贪早起，染得满头尽白霜。

纪晓岚迅速地改变所咏物的背景，以便改变它的颜色。乾隆

皇帝不由得连连称是，叹服这个年轻人才思快捷。

真正让乾隆皇帝赏识纪晓岚的是，纪学士在庆祝平定准噶尔叛乱而写的颂词《平定准噶尔赋》。

准噶尔是居住在我国新疆地区的漠西蒙古部落，清初一直归附清廷。但自康熙中期以后即多次欲行分裂，康熙、雍正时期曾一度平复，却始终没有从根本上解决问题。乾隆十九年，准噶尔内部发生分化，次年二月清军两路出兵，伊犁平定。

消息传来，乾隆皇帝特别高兴，特命颁示天下，并设盛宴庆贺。席间，乾隆皇帝命纪晓岚即席作赋。不多时，纪晓岚书成三千言《平定准噶尔赋》一篇，跪呈乾隆皇帝。乾隆皇帝喜不自禁，破例令纪晓岚当着诸卿之面吟诵。

三千言赋文，吟诵起来也是要用不少时间的，可是纪晓岚是即席所作，而且用典准确，文字优美，气势磅礴，一气呵成，实在是闻所未闻，令人惊奇！所以在纪晓岚吟诵期间，满座朝臣竟无一丝声息。此时的纪晓岚，似乎是一块奇异的吸铁石，把君臣吸得目不转睛，连眼皮都不眨一下，直到诵至"六月庚戌，西域悉平。大书露布，揭以朱旌。十二昼夜，报答紫庭。歌舞交于朝市，娱乐洽于万灵。四极四合，大定永清！"

更重要的是，纪晓岚凭借自己的横溢才华，于美文妙词中，巧妙地歌颂了清朝平定准部的武功之盛，特别是乾隆皇帝在其中的英明韬略，使好大喜功的乾隆皇帝听着非常舒服，所以乾隆不由自主地高喊一声"妙！"群臣才交耳赞叹，活跃起来。

或许就因为此事太引人注目，给乾隆皇帝留下的印象太深刻，

次年秋天，也即乾隆二十一年秋，纪晓岚"初登词苑班，即备属车选"，以纂修《热河志》扈从承德。这在清代翰林院的历史上是少有的。而向乾隆帝举荐的是尚书汪由敦、侍郎裘日修、董邦达。

汪由敦，也是乾隆的五词臣之一。他字师茗，号谨堂，又号松泉居士，浙江钱塘人，原籍安徽休宁。早在雍正时，即以文章见称。

乾隆即位，登基大典进御之文，皆由汪由敦撰拟，乾隆很满意。乾隆元年，入直南书房，擢内阁学士。历六部之长。

乾隆凡塞外行围及四方巡幸，皆命汪由敦扈从左右，每承旨，耳受心识，出则撰写，不遗一字。乾隆的诗文中，有不少就是由汪由敦属草，乾隆修订的。乾隆的官样文章，同样由汪由敦属草，乾隆略作删改。汪由敦以尚书之任，颇得乾隆眷注，但他感到自己身体日渐衰弱，遂提议让年轻的纪学士担任扈从。

裘日修和董邦达是纪晓岚的受业之师，对纪的才华向有定评，提名纪晓岚在理在情都很自然。但如果纪晓岚没有一定的知名度，或者说乾隆皇帝对他根本没有印象，三人的请求也不容易获得批准：一是翰林院派人一向是凭资格的；二是编纂《热河志》是乾隆皇帝钦派的差事，精于文事的乾隆皇帝对此类工作向来很重视，不会同意随便让一个没有经验的人从事这类工作。

但不管怎么说，纪晓岚这次获选扈从热河，意义重大。他获得了让乾隆皇帝进一步了解自己的机会，也为进一步提高自己的声誉创造了良好的条件。他和钱大昕两人"途中恭和御制诗进呈"，受乾隆帝嘉奖。从此馆中有"南钱北纪"之称。

纪晓岚一出手，就显出不凡，他参修的《热河志》，质量也确实很高。后来增订《热河志》的曹仁虎曾写有一首《热河怀人》诗加以称赞：

> 河间著作才，舆志资编纂。
>
> 初登词苑班，即备属车选。
>
> 踵事逮末儒，依类订成卷。
>
> 余义在引申，匪日夸证辨。

这是纪晓岚平生第一次踏入这片皇家园林。夏日的炎热早已驱散，纪晓岚心中的热血却一再升腾。他有一种舒展筋骨，大展拳脚的强烈愿望。在此期间，纪晓岚确实写了大量"恭和诗"，颇得乾隆之赏识，"天语嘉奖"。见于文集的就有几十首之多。

纪晓岚的许多诗固然为无聊之作，但无聊也是人生的一个侧面，正是因为途中纪晓岚"屡与赓和"，颇得乾隆皇帝"天语嘉奖"，所以才"自是仰蒙知遇"，成为深得乾隆皇帝宠幸的文臣。对于这次经历，纪晓岚后来于嘉庆初所作《恭和圣制出古北口作原韵》中就写道："忆纂仙庄志，初赓圣制词。岁富尧丙子，知遇至今思。"他自注说：

乾隆丙子，臣官庶吉士时，以纂修志书随至热河，恩准一体赓和，曾恭和圣制《出古北口》诗，自是仰蒙知遇栽培矜宥，叨至正卿，今已四十二年，实儒生罕逢之渥宠，恰如张果记唐尧丙子曾官侍中。

纪晓岚走着和许多侍从之臣一样的道路，但他要借鉴许多前人走过的弯路。他要做一飞冲天的鲲鹏，在未来的生命中注入一

种翱翔的姿式。

所以，他精研布局之略，努力找到了在夹缝中生存的要诀，那就是让上司喜欢。

学做一个机智的高手

　　布巧局者的机智术是一个非常值得研究的课题。古往今来，有多少大胜者都是靠机智取胜，开拓了人生的成功之路。

　　乾隆多变，纪晓岚则以机智应对。乾隆乙酉年是乾隆帝登基30周年。时值风调雨顺，天下太平，乾隆皇帝高兴万分。他想，古代有作为的帝王如秦始皇、汉武帝等，都举行过封禅大典，用以显示自己统治英明，天下太平，江山稳固，也因此为后人称颂，他乾隆皇帝也取得了这样的成就，而且统治的疆域远远大于秦皇汉武之时，为何不可以搞一次封禅大典呢？所以在这年初秋，率领文武大臣到泰山行封禅大典。

　　所谓封禅，是皇帝主持的最隆重的祀天大典。筑坛于泰山之顶以报天功，称为"封"，于泰山下小山除土以报地之功，称为"禅"。由于此礼极其神圣，各个朝代并不常举行。据说上古有72

位君王曾封禅，秦以来也只有秦始皇、汉武帝、东汉光武帝、唐高宗、唐玄宗、宋真宗等少数几个君主举行过。不少君主也憧憬于封禅之功，但未能实现，毕竟不是任何一位帝王都有资格和能力封禅的，稍有天变、灾荒、边警，就可破坏必须具备的社会祥和、帝王圣明这一条件。

乾隆皇帝此次登山，是他生平九登泰山的第五次。乾隆皇帝天性喜欢游山玩水，他一生曾三上五台，六下江南。此次登山在名义上是封禅祭祀，实际上也是在山光水色中娱乐自己。

封禅的队伍，进得济南府后，歇息二日，饱览这里的湖光水色。济南城内，泉水众多，家家流水，户户垂杨，碧波荡漾，风景秀丽。皇上住在大明湖西侧的遐园。这是济南第一庭园，古木苍翠，曲水虹桥，幽静典雅。乾隆皇帝今天游兴很浓，便叫纪晓岚、和伴驾游湖。

君臣三人乘小船到了湖心历下亭。这历下亭建于北魏，朱梁画栋，壮丽轩昂，纪晓岚随皇上在历下亭里，欣赏周围的景色。只见宽阔的湖面上，波光粼粼，阔大的荷叶迎风摆动，岸边绿柳婆娑，楼台亭树，掩映其间。四周景物的倒影，映在湖里，看得清清楚楚，不禁为这里的景色陶醉了。

忽然间，乾隆皇帝问道："这历下亭，历史悠久，风景佳绝，可曾有文人骚客所做诗文？"和想讨好皇上，马上应声说："有……"

乾隆皇帝和纪晓岚已等着听他的下文，谁知和张口结舌，说到这里没有词了，眼睛眨巴了半天，也没有想起一句诗来。

纪晓岚却答道："臣早年读《杜工部诗集》，记得杜甫有诗题为《陪李北海宴历下亭》，其中有两句，曰：'海右此亭古，济南名士多。'"

"好！好！"乾隆皇帝连声称赞，和在旁羞得满脸通红。

济南是有名的"泉城"，泉水众多，金代曾立泉碑，列举了72 处有名的泉水，乾隆君臣一行游历于湖光水色之间，兴致盎然，一边观赏，一边品评。

众多的泉水，千姿百态，让人赏心悦目。或波浪翻腾，流如沸水；或晶莹温润，似明珠璎珞；或串串珍珠，如银似玉；或洪涛倾泻，如虎啸狮吟；或细流涓涓，如琴弦低唱。其中最吸引人的，当数趵突泉、黑虎泉和珍珠泉了。趵突泉主泉分为三股，喷高三尺有余，状如三堆白雪。黑虎泉从三个石雕的虎头中喷出，如三股瀑布，水声喧腾，如虎啸风吼。珍珠泉清碧如翠，当中冒出一串串白色气泡，像喷出万颗珍珠。

游览完毕，天近中午。在路上走着，乾隆皇帝问起二位侍臣："常说济南有四大名泉，朕今日看了三泉，尚有一泉，叫什么名字？"

纪晓岚答道："如果微臣记得不错的话，那就是金钱泉了。"

"对，对！"乾隆皇帝点着头，"你可曾到过那里？"

"臣尚未去过。只是初到之日，臣向府尹要来一部《济南府志》，看了上面的记载。"纪晓岚答道。

"好，好！你勤勉上进，实属可嘉。"乾隆皇帝夸赞道。

乾隆皇帝在泰安城内的岱庙举行过祭祀东岳大帝的大典之后，

第二天便率领群臣登山。陪同他登山的文臣有董曲江、刘师退、刘墉、纪晓岚等人。一路上簇拥乾隆皇帝，浩浩荡荡。

中午时分，他们来到斗母宫。从斗母宫出来，绕过几道山路，又沿着登山大道盘旋而上。

过了朝阳洞，来到了对松山，两面奇峰对峙，满山奇形怪状的古松，虬翠阴霭，人到这里，俨然进入苍翠画卷之中。纪晓岚站在皇上身旁，看着满山秀色，听着山间的潺潺水声和阵阵松涛，赞不绝口。乾隆皇帝似乎是受到感染，急令人取出笔墨，挥笔在岩壁上题写下"岱宗绝佳处"五个大字。

一阵颂声过后，乾隆皇帝由侍从搀扶着，继续沿盘道攀登，和、纪晓岚、刘墉等络绎跟随。攀至盘道尽处，一座高大的石门巍然屹立，横额上的三个大字赫然在目：摩天阁。

乾隆君臣在碧霞宫住了一晚，次日凌晨便上玉皇顶看日出。乾隆皇帝很兴奋，他题联作对的兴致不减。看完日出后，他在玉皇顶附近的东岳庙祭祀，祭毕，转到庙北的弥高岩下，忽然想起《论语》里"仰之弥高"的句子，又想借《论语》难一难纪晓岚，他道：

仰之弥高，钻之弥坚，可以语上也。

乾隆皇帝心想，这回纪晓岚恐怕要难住了。谁知乾隆皇帝的话音刚落，纪晓岚也随即答出：

出乎其类，拔乎其萃，宜若登天焉。

他用的同样是《论语》中的句子，而且又对得自然流畅，浑然天成，乾隆皇帝及众大臣无不为之叹服！

摸准对方的脾气办事

摸准对方脾气，然后投其所好，是布巧局者墨守的一条巧胜准则。

在封建社会里，皇帝的地位和尊严是至高无上的，这就是韩非子所说的势位。为了树立这一至高无上的地位和尊严，他们可以制造谎言和神话，用以把自己塑造成神秘的天之子，是神仙化身，而非凡夫俗子，从而使他的子民对他顶礼膜拜，肃然起敬，甘心情愿地服从他的役使。

像纪晓岚这样一个一贯恃才傲物的才华之士，长期处在乾隆皇帝这样一个自恃甚高，而且颇有才华和成就的封建帝王身边，其中的感受是深刻的。

一般人只知道纪晓岚有一个纪大烟袋的雅号，殊不知他还有另外一个雅号——两脚书库。纪大烟袋指的是他吸烟量大，两脚

书库是说他无书不读，过目不忘。

世上任何大才，都不敢夸口无书不读。可是纪晓岚却敢夸下这个海口。这是时势和机会赐予他的。

纪晓岚领修《四库全书》，要把自古至乾隆中期所有典籍搜集整理，确定应刊、应抄、应存，而且又对刊入四库的 3503 种书和保存书目的 6793 种书，撰写提要，撮举大凡，叙述源流，考证真伪，这势必遍览天下群籍，方能举事。所以，什么宫中秘籍，家藏珍典，都在纪晓岚阅读之列。同时代人谁也比不上他，这使他成为中国历史上少有的通儒。他自己也很自豪，在《自题校刊四库全书砚》一诗中说：

> 检校牙签十万余，濡毫滴渴玉蟾蜍。
>
> 汗青头白休相笑，曾读人间未见书。

这不是吹嘘而是事实，同朝文士都对他十分敬佩。可是这话传到乾隆皇帝耳朵里，乾隆皇帝却有些不高兴，觉得他过于自夸，便想问个究竟，一日，乾隆皇帝问道："纪爱卿，你学问渊博，遍览群籍，至今还有什么书没有读过？"乾隆皇帝先试探性地问，看纪晓岚如何对答。

纪晓岚随侍乾隆多年，说话随意惯了，一时兴起，便说道："启禀圣上，臣似乎无书不读。"话刚出口，纪晓岚便觉得说溜了嘴，但话已出口，收不回来，只好等待乾隆皇帝发落。

乾隆皇帝笑笑，说："既如此，朕明日让你背一部书。"

纪晓岚知道，这下捅了娄子。天下那么多书，哪能都看过。即使阅读过，重要的方能背诵，次要的完全背得下也是不可能的，

更何况还有许多三教九流的书，如果任取一本，那怎能对付？下不了台倒不要紧，触怒圣上，吃罪不起。左思右想，不知如何是好。

乾隆皇帝也觉得纪晓岚好学，遍览群籍，经、史、子、集难不倒他，只有从不入流的书中打主意。恰好这时一个太监走过来，手中拿着一本《皇历》。乾隆皇帝一见，忙把它拿过来，心想，这东西纪晓岚可能没有读过，何不一试？

第二天早朝罢后，乾隆皇帝便留下纪晓岚，并指明要他背万年《皇历》书。乾隆皇帝没有料到纪晓岚刚好熟读了此书，结果当他翻到哪一页，纪晓岚就能背出哪一页的内容。这下乾隆皇帝没有什么话说，当纪晓岚背完后，乾隆皇帝笑道："纪爱卿果然名不虚传，朕赐你'无书不读'四字。"

自此，纪晓岚"两脚书库"的雅号，在士林中更广为流传，成为一时美谈。

纪晓岚投乾隆所好，也经常作诗，尤其是随着乾隆帝年龄增长及统治大清帝国时间的增加，他对数字极为敏感，也十分雅好。俩人以数字作诗堪称佳话。作诗要嵌入预先规定的数字，又要保证诗意清新自然，那是难得的。诗中出现数字，那要符合诗意的需要，或者作家本人的爱好，如唐初诗人骆宾王，他喜欢在诗中穿插数字，当时有"算博士"之称，如"秦地重关一百二，汉家离宫三十六"。大诗人杜甫、柳宗元、陆游也作过这类诗。如"霜皮溜雨四十围，黛色参天二千尺"，"一身去国六千里，万死投荒十二年"，"三万里河东入海，五千仞岳上摩天"。这些诗句中都有数字，但它因随诗意而来，并不显得牵强。如果预先定下数字，

要作者按数字填诗，那就不容易了。

　　一次，纪晓岚陪同乾隆皇帝南巡，坐在江边一座茶楼喝茶。那时正是秋天，这日下着蒙蒙细雨。推窗远眺，只见江面上烟雨霏霏，朦胧一片，江心有只小船坐着一位渔夫，正在垂钓，双脚拍打着水面，嘴里哼着渔歌，四周船只很少，远处青山叠翠，那画面十分诱人。乾隆皇帝看得出神，纪晓岚见乾隆皇帝不说话，凑趣道："圣上，江中好景致。"

　　"江色佳绝，卿可赋七言绝句一首，内藏十个'一'字，如何？"乾隆皇帝沉浸在景色观赏之中，慢吞吞地说。

　　"遵旨。"纪晓岚展望江中景色，立即吟道：

　　　　一篙一橹一渔舟，一个艄公一钓钩，

　　　　一拍一呼还一笑，一人独占一江秋。

　　纪晓岚吟罢，乾隆皇帝算算四句中正好十个"一"字，细细品味诗意，那意境正如眼前的一模一样，只是更加有韵味，尤其是"独占一江秋"之名，写尽了江中的寂静。

　　乾隆皇帝很高兴，禁不住夸赞："卿真诗才横溢。"

在实事上不可乱用机巧

巧者有大有小，小巧者一味投机钻营；大巧者外饰巧智，内实敦厚。在做实事处理具体问题时，应以大巧取胜。

纪晓岚入仕途较早，官升得也快，但当了侍郎、尚书后，十几年间却始终不能进入枢密机构军机处，不能不说是纪晓岚终生的大憾事。其中的缘由就是他得罪了和，而两人因审理海升案意见相左，是其"结怨之始"。

说是大案，案情其实并不复杂。乾隆五十年四月，阿桂的亲戚、员外郎海升，因与其妻子吴雅氏发生争执而导致其妻死去。事情发生后，海升报告所管步军统领衙门说是自缢而死。步军统领衙门于是准备交刑部审讯，但海升的小舅子贵宁不相信他姐姐是自缢而死，所以不肯签字画押。于是经刑部奏请派大臣验尸。而当时和为军机大臣，曾有意借此牵连阿桂，主张重新验尸，即

令新任左都御史的纪晓岚，会同刑部侍郎景禄、杜玉林以及御史崇泰、郑、刑部司员王士　、庆兴前往开棺检验。经验证，纪晓岚等确定为自缢，以"臣等公同检验，伤痕实系缢死"上奏。

但尸亲贵宁认为检验不实，海升系大学士阿桂亲戚，刑部明显有意包庇，并将其情在步军统领衙门控告。这样一来问题变得复杂起来，它不仅涉及一干检验人员，更直接将大学士阿桂牵涉进来。乾隆一向讨厌大臣结党，现见如此多的大臣党附阿桂，自然不很愉快，又经和煽风点火，遂特派侍郎曹文埴、伊龄阿前往复查，两人复查后汇报说吴雅氏尸体并无缢死的痕迹。乾隆遂令阿桂、和和刑部主管、原验、复查各官一起再作检验，仍没有发现缢死痕迹。于是乾隆令严讯海升，海升最终承认是他将妻子踢伤致死。

因此，乾隆降谕指出："此案原验、复查官员，竟因海升是阿桂的姻亲，均不免有顾虑和奉迎之处。从前刑部官员于福康安家人富礼善一案，有意徇情，致使元凶几乎漏网，多亏朕看出疑点，特派大臣复行严审，才使案情水落石出……不料你们不知悔改，在那一案件事过不久，又有此事出现！阿桂受朕深恩，于此等不肖姻亲事自不屑授意刑部各官，而刑部各官、御史即不免心存顾虑，及朕特派复查，仍胆敢有意包庇。如果不严加惩处，以后又怎么用人？怎么办事？"

"此案阿桂已经自行议罪，请罚公爵俸禄十年，并革职留任，本应依照所请，姑且念此案究不比福康安包庇家人，而且阿桂还有功劳，著加恩改为罚俸五年，仍带革职留任。"

纪晓岚及其朋友王士遭重点指责："其派出之纪昀，本系无用腐儒，原不足具数，况伊于刑名事件素非谙悉，且目系短视，于检验时未能详悉阅看，即以刑部堂官所言随同附和，其咎尚有可原，著交部严加议处。……王士在刑部年久，前因出差回京召见，观其人尚有才干，方欲量加擢用，乃是复验时回护固执，装点尸伤，逢迎阿桂，该员等均罪无可宥。叶成额、李阆、王士、庆兴亦俱著革职，发往伊犁效力赎罪，不准乘驿"。

"曹文埴、伊龄阿经朕派出覆验，若也如纪昀特人顾虑徇情，只知道迎合阿桂，蒙混了事，转相效尤，将来此风一长，大学士、军机大臣皆可从此率意妄为，即杀人玩法也必无人敢问了。假如真是如此的话，国事还能问吗？此案曹文埴、伊龄阿即能秉公据实具奏，不肯扶同徇情，颇得公正大臣之体，甚属可嘉，著交部议叙"。

从对此案的处理来看，乾隆明显有打击阿桂一派的倾向。刑部复查案件本有失误的可能性，而乾隆谕令一开始即将其同福康安包庇家人一事作类比，显然定性为朋比徇情，而且所处分的官员几乎全部是阿桂一派人。这不能不说与和在暗中煽动有关。而且，可以作为旁证的是，次年御史曹锡宝弹劾和纵容家人刘全招摇撞骗一案，乾隆即有"纪昀因上年海升殴死伊妻吴雅氏一案，和前往验出真伤，心怀仇恨，唆使曹锡宝参奏，以为报复之计"一说，如没有和操纵海升一案，乾隆又为何将两案相联系呢？在此案中，纪晓岚的同年朋友王士，职位虽低，处罚独重。王士在刑部历久资深，且精于刑名之学，断案认真、周密为人称许，却

不得重用。在海升殴死其妻吴雅氏一案中，他因坚持缢死一说而遭重罚，革职发往伊犁效力赎罪。对其不幸遭遇，纪晓岚深表同情和不满。嘉庆元年王士死后，纪晓岚为他作墓志铭，称赞他说："鞫狱定谳，虽小事必虚公周密"，"凡鸣冤者，必亲讯，以免属吏之回护；凡案有疑窦，亦必亲戾，以免驳审之往还"。"才余于事，又多所阅历，弥练弥精。"并引用王士的话说："刑官之弊，莫大乎成见。听讼有成见，揣度情理，逆料其必然，虽精察之吏，十中八九，亦必有强人从多，不得尽其委曲者，是客气也。断罪有成见，则务博严明之名。凡不得已而犯，与有所为而犯者，均不能曲原其情，是私心也。即务存宽厚之意，使凶残漏网，泉壤含冤，而自待阴德之报，亦私心也。惟平心静气，真情自出；真情出，而是非明，是非明，而刑罚中矣。"

如此精于刑名案件、办事认真公正的人，又怎么会徇情或误断呢？只能说明王士断为自杀并不错，和等断为海升殴打致死不实。纪昀虽不敢明作翻案文章，但仍可窥见他对海升妻死一案获谴之人的同情与不平。纪晓岚所为不温不火，恰到好处。

巧局最惧硬碰硬

刚则易折，柔能克刚。这个人生布局的道理许多人都懂得。不过，真做起来，就不那么得心应手了。

自乾隆五十年后，和的家里几乎成了官场上的黑市交易场，大小官吏趋之若鹜。有人形象地描绘说：

和相国每日入署，士大夫之善奔走者，皆立伺道左，唯恐后期。当时称为'补子胡同'。以士大夫皆衣补服也。

有人还就身着补服绣衣的官僚们的奴才相作诗嘲讽说：

绣立成巷接公衙，曲曲弯弯路不差。

莫笑此间街道窄，有门能达相公家。

更可笑的是，山东历县的一个县令，为了能见和一面，竟以两千金行贿于和的看门人，才探得和的踪迹，于和回府时，自呈手版，长跪于门前。可见，当时能够奔走于和门下的只能是内外

大员，而不及县令这样的七品芝麻官。

和非科甲出身，却有相当多的门生弟子，其中不乏翰林学士，足见当时社会风气之腐。而在那些利欲熏心满身市侩气的文人中，最为典型的是吴省钦兄弟。

吴省钦与其弟吴省兰俱以科举登仕途，又因学优名闻乡里，门生桃李遍布四方，连和也曾从吴省兰读过书。然而，当和显贵之后，吴省钦兄弟竟不顾体面，反拜和为师。

此时，陕西道监察御史曹锡宝，疏劾和的家人刘全衣服、车马、居室逾制。他说：刘全"服用奢侈，器具完美，苟非侵冒主财，克扣欺隐，或借主人名目，招摇撞骗，焉能如此？"

曹锡宝虽在指参和的家人，但欲借此扳倒和的用意是十分明显的。而在和权倾朝野的情况下，曹锡宝无疑得有冒天下之大不韪的胆量和勇气。

曹锡宝，字鸿书，江南上海人。乾隆初年，以举人考授内阁中书，充军机章京。因资深练达，为傅恒所赏识，乾隆二十二年，曹锡宝中进士，点翰林后，又任刑部郎中等职，并为阿桂重用。此时，纪晓岚已任都察院长官，十分支持曹锡宝。

然而，此次上疏利害攸关，曹锡宝也辗转反侧，踌躇再三。为了把握起见，他又前去咨询同乡好友官居侍郎的吴省钦。岂知，吴省钦是个势利小人。他见和权势很大，早有投靠之意，正苦于不得营求之机。于是，曹锡宝的奏折上达后，吴省钦便卖友求荣，命人飞骑驰告正在热河扈从皇帝的和。

和得到通报，急令刘全当即拆毁府第，将逾制的车马、衣物

一概收藏转移。于是，当乾隆诏命王大臣到刘全家查视时，自然是踪迹皆无。

曹锡宝只好自陈冒昧，却是满腹狐疑。但还没等他弄明白其中的原委，一道道严厉的谴责已落到他的头上。

曹锡宝被召到热河行宫，乾隆当面诘责他何为此奏？并颁谕旨斥责他。乾隆先是说：和平素管束家人甚严，向来没听说刘全等敢在外面招摇滋事，接着又说出曹锡宝是徒以空言入人以罪。责令王大臣传讯曹锡宝逐条指实。"若曹锡宝竟无指实，不过撅拾浮词，博建白之名，"必当严处。

然而，乾隆的申斥并未到此为止，他接着又颁谕旨要挖出背后的指使人，甚至有将阿桂一派一网打尽之势，当然，这道谕旨肯定是和草拟。谕旨说："曹锡宝如果见全儿倚寄主势，有招摇撞骗情势，何妨指出实据，列款严参，乃徒托诸空言。或其意本欲参劾和，而又不敢明言，故以家人为由，隐约其词，旁敲侧击，以为将来波及地步乎？或竟系纪昀因上年海升欧死其妻吴雅氏一案，和前往验出真伤，心怀仇恨，嗾令曹锡宝参奏，以为报复之计乎？若不出此，则曹锡宝之奏何由而来？"

曹锡宝经严刑逼问，仍不承认背后有人"指使"。但和岂能善罢甘休，曹锡宝在万般无奈之下，承认他奏称刘全仗势营私没有实据，目的是使和防微杜渐。

当时和正为皇帝所用，欲使和防微杜渐，隐然有指责皇帝用人不明之嫌。使沉浸在一片恭维声中的乾隆，实在觉得过于刺耳。于是乾隆又令军机大臣、大学士梁国治覆询。

曹锡宝在皇帝与大臣们的轮番轰炸下，只好再次认罪，承认"防微杜渐"之语失当。于是，曹锡宝被革职留任。又自恨为友所卖，不久气愤而死。而纪晓岚也被免了都察院长官之职，仍回到礼部做"闲尚书"去了。

御史本有"风闻言事"的权力，职在监察百官，以肃吏治。曹锡宝不过是就其职能权限，上疏言事，却因劾奏了乾隆的亲信宠臣，遭到接二连三的颁旨谴责。这实在是欲封住众人之口。

这期间纪晓岚可谓一直担惊受怕，因为乾隆皇帝已经暗示纪晓岚可能与此事有关，主办人员能不千方百计找证据，直至严刑逼供吗？所以他的《又题秋山独眺图》就说：

> 秋山高不极，盘蹬入烟雾。
>
> 仄径莓苔滑，猿猱不敢步。
>
> 杖策陟岫岩，披榛寻微路。
>
> 直上万峰巅，振衣独四顾。
>
> 秋风天半来，奋迅号林树。
>
> 俯见豺狼蹲，侧闻虎豹怒。
>
> 立久心茫然，悄然生恐惧。
>
> 置身岂不高？时有蹶跌虑。
>
> 徒倚将何依，凄切悲霜露。
>
> 微言如可闻，冀与孙登遇。

对曹锡宝的品质，纪晓岚非常感动，对他的遭遇也深表同情。所作《题曹剑亭绿波花雾图》有句云："洒落襟怀坎坷身，闲情偶付梦游春。"是有感于曹锡宝的不幸遭遇，纪晓岚也只好如此措辞。

纪晓岚没有硬出头，也许有人会说他投机取巧，甚至个人品质有问题，但事实是，在那个时代，多一个因直取怨的纪晓岚的确于事无补。以巧存身，只能说是那个时代一个无奈的选择。

第九章

破　局

坚忍互用赢取人生大局面

有人以坚挺布局，有人以柔韧布局，二者能长于其一者已殊为不易。但就是有这样一种人，他能集坚与忍两个极端于一身，而且运用自如。秘诀就在于他是以圆取胜，以圆融通达的气度把这两个本不相兼容的物性捏合在一起。圆，是布局的顶级智慧，无论风平浪静还是巨浪滔天，学会了圆通之道，布什么样的局都驾轻就熟，无往而不赢。

做大事者，敢想敢做还要敢拼

　　每一部史书，都是由封建的新王朝臣子奉命修撰的，凡关系到本朝统治者不光彩的地方，自然不能写，也不敢写。如宋太祖赵匡胤本是后周的臣子，奉命北征，走到陈桥驿，竟发动政变，篡夺了周的政权。在当时就是"谋逆"，但后人却多把他黄袍加身，说成是受将士们"擐甲将刃"、"拥迫南行"的结果，并把这次政变解释成是"知其数而顺于人"的正义行为。这与赵匡胤的周密布置有关。所以也有诗云："千年难断陈桥案，一著黄袍便罢兵。"

　　公元 959 年 6 月，后周世宗柴荣病逝，其子继位，是为恭帝，年仅 7 岁。

　　周恭帝年幼，宰相范质、王溥等顾命大臣都是读书文人，在军界没有威信，后周政权出现了权力真空。掌握了后周军权、在军界具有很高威望的赵匡胤便有了填补权力真空的野心，他决定

抛弃周世宗与他君臣之间相知相得的情义，拥军自立，取代后周政权。周世宗尸骨未寒，赵匡胤便与其弟赵光义、亲信幕僚赵普密谋策划兵变。他们一面做军事准备，一面指使人在开封散布"点检为天子"的谣言。一时间京城恐慌混乱，但宫廷内却一无所知。一场有预谋的兵变开始了。

后周显德7年正月初一（公元960年1月31日），赵匡胤指使边关谎报军情，说是契丹与北汉联合侵犯中原，宰相范质、王溥真假不辨，慌忙派遣赵匡胤率军出征，北上御敌。赵匡胤喜出望外，正月初二日，即遣殿前副都点检慕容延钊领先头部队离开京城。正月初三日，赵匡胤自领大军出开封爱景门，向东北方向进发。大军行进的途中，赵普等谋士们便开始游说煽动。有位殿前司军校叫苗周训，他谎称看见了天上有两个太阳，黑光激荡，经久不息，并且与同伴到处神神秘秘地散布说："这是天命啊！"当大军到达离开封约40里的陈桥驿（今开封市郊陈桥镇）时，赵匡胤下令停止前进。他在军帐里喝了一阵酒，然后佯作酒醉卧床睡觉。当晚，将士们私下议论纷纷："当今皇上年幼，不能亲政，我辈出生入死，为国杀敌，有谁知道？不如先立点检为天子，然后北征，也为时不晚。"这时，赵匡胤的亲信李处耘听到议论后，迅即向赵光义、赵普报告。正当赵普等人商议如何把握住局势之时，将领们蜂拥而来，吵吵嚷嚷地要赵普作主，拥立点检当皇帝。赵普对将领们说："立天子是大事，当然要慎重考虑。哪能像你们这样随便放肆！"将领们听了，便停止了吵闹，都表示愿听赵普的指挥。赵普还怕其中有诈，便故意说："点检忠于皇上，如果让

他知道你们谋逆反叛，一定不会轻饶你们，必然要加以治罪。"众将领齐声回答："我们知道叛逆是要灭九族的，但是，我们大家既有此心，就不会怕死。"赵普等人见时机成熟，便对他们说："兴王易姓，虽说是天命，其实在于人心所向，现前锋部队已过大河，节度使又占据各方。京城再乱，外敌会乘虚而入，四方也会转而发动叛乱。若你们能严令士兵，禁止剽劫，都城人心稳定，四方也不会叛乱，诸位将领也就可以永保富贵了。"众将领都认为有理，分头去约束士兵去了。赵普等人派人连夜飞骑进入京城开封，密约殿前都指挥使石守信、殿前都虞侯王审琦等，准备里应外合。一切准备停当。

次日拂晓，赵匡胤还在假睡，所有动静及策划他都心中有数，因而只等着这一时刻的到来。不一会儿，赵普、赵光义率诸将至赵匡胤卧室，齐声嚷道："诸将无主，请点检为天子。"赵匡胤来不及答话，一件早已预备好的皇袍便披到了他的身上。众将领迅速跪拜庭下，高呼万岁。就在赵匡胤假意推让之时，就有人把他扶上马，簇拥着他南下返回京城。赵匡胤便撕下假面具，勒住缰绳，在马上对众将士说："你们想追求富贵，立我为天子，但要能真心服从我的命令，保证进京后不要纵兵大掠才行，否则，我就不能做你们的皇帝。"众将士齐声跪答："唯命是听。"于是，赵匡胤带诸将及大军回开封，从广和门入城。石守信等在城门接应赵匡胤。入城后，未遇到后周文武臣僚抵抗，仅武将韩迪抗拒兵变，被杀。赵匡胤派手下将领潘美去通知范质、王溥。范、王得知兵变后，后悔莫及，被迫承认赵匡胤代周自立，并由后周的宰相变

成了新政权的宰相。当天，赵匡胤登位于崇元殿，受臣僚拜贺，降后周恭帝为郑王，迁居西京（即今河南洛阳）。正月初五日，赵匡胤颁国号为宋，改年号为建隆元年。就这样，赵匡胤仅用一天时间，兵变成功，就从孤儿寡母手中夺取了政权，实现了他的政治野心，大宋王朝宣告成立。

经过步步为营的深思熟虑，赵匡胤终从平庸之辈蜕变为一代君王。他在兵变中展现的周密策划与精细操作，铸就了"兵不血刃而建立王朝"的辉煌。这辉煌背后，蕴含着他的远见卓识与冷静理性。

对于我们现代人而言，或许无需涉足那般残酷的政治漩涡，但从他的成功轨迹中，我们可汲取智慧。学会"筹谋策划"，深思自身之不足，勇于梦想、敢于实践、不畏挑战、奋力拼搏，这永远是通往成功的金钥匙，也是每个人实现逆袭的不二法门。

稳定局面，先要让人佩服

俗话说："一朝天子一朝臣"，而赵匡胤作为新任天子，却悉数留用旧臣。在当时人心不稳、臣心不服的背景下，无疑是笼络人心、稳定局面的高招，这一心智的运用，显然比挥起屠刀的高压政策要高明得多。

建隆元年（公元960年）正月，登基后的赵匡胤"车驾初出"，在城内巡视。随行的卤簿（仪仗队）较为简略，排在前面的是由禁军组成的"驾头"，随后就是皇帝乘坐的步辇，步辇之后是擎着扇和伞盖的方队。方队后面是公卿百官——他们本来都是后周旧臣，与端坐在步辇之上的"皇帝"乃是比肩多年的同事，而现在却要对他俯首称臣，这时的心情是可想而知了。当銮驾缓缓通过御街、跨上大溪桥时，就听得"嗖"的一声，一枝利箭紧擦着步辇飞了过去，射到了后面的扇上。卫士大惊，赵匡胤却显得十分

镇定。他从步辇中探出身子笑道："射死我，这皇位亦轮不到你！"这话笑中含刺，不单单是讲给刺客听的，步辇背后的一大批后周旧臣也不能不为所动。同时，此等气概、此等言语也真不是其他人能说得出的。

赵匡胤的捷足先登，只不过使后周旧臣失去了一次实现野心的机会，却没有打消他们的野心。他们有的在等待观望，希冀再起；有的则"日夜缮甲治兵"，准备与新王朝再来一番角逐。

面对这种局势，赵匡胤和赵普等人认为应采取以稳定京城、笼络后周旧臣为主的方针，以静制动。因为"京城若乱，四方必转生变"，"都城人心不摇，则四方自然静谧"。

依据这一方针，赵匡胤对后周旧臣实行了官位依旧、全部录用的政策。甚至连宰相也仍由旧相范质继任。当时，范质在听到陈桥兵变的消息时，曾抓着王溥的手说："匆忙派赵匡胤出征，我们太糊涂了！"边说边用力握，指甲竟戳入王溥的肉中，流出鲜血，足见其恨意之深。在举行禅位大典时，范质也是在士兵的"举"刃胁迫下才带领后周群臣跪拜的。尽管如此，乾德二年（公元964年）二月，赵匡胤才将其罢为太子太傅，同年9月范质病逝。范质临死前，告诫儿子不可为他立墓碑，不可向朝廷请求谥号，这说明他一直还有一种留恋旧朝、愧对前君的复杂情绪。但这种情绪既没有发展成为对新王朝的公开敌视，也没有导致他与宋王朝的不合作（如辞官归田），这又不能不归因于赵匡胤的优待笼络政策。

为了保证对后周旧臣笼络和收买的成功，对于那些恃势欺凌

旧臣的新贵们，赵匡胤则毫不留情地严加处理。京城巡检王彦升是当年兵变入城时的先锋，自恃拥立有功，横行不法。一天半夜，他以巡检为名，去敲宰相王溥的门，不仅吓得王溥"惊悸而出"，还诈了王溥一大笔钱财。赵匡胤得知此事，甚是气恼，结果王彦升被贬为唐州刺史。

赵匡胤的这些做法，对稳定后周旧臣的情绪、消除他们对新王朝的疑惧，使他们放心地为新王朝服务，起了很好的作用。

让隐患在萌芽时消散于无形

赵匡胤"杯酒释兵权"的做法，与明太祖朱元璋大杀功臣之举形成鲜明的对照：既解除了将权对皇权的威胁，又保留了曾经生死与共的君臣的情义，何乐而不为呢？

赵匡胤自己以陈桥兵变而代周自立，深知掌握军权之重要。他认识到五代王朝频繁更替，主要是由于"方镇太重，君弱臣强"。为了使赵宋天下稳定长久，避免出现又一次陈桥兵变，宋太祖下决心亲自掌握军权，将军队归皇帝直接领导指挥。

北宋建隆二年（公元961年）闰3月，宋太祖首先废除了掌管精锐部队禁军的殿前都点检这一要害军职，将殿前都点检慕容延钊改任为节度使，迈开了皇帝掌握禁军的第一步。不久，宋太祖又采纳赵普对禁军重要将领"收其精兵"的建议，解除石守信等禁军军职。宋太祖解除石守信等人的军职，没有采取以武对武、

兵戎相见的政策，而是采取喝酒谈心的方式实现的，因而史称"杯酒释兵权"。

建隆二年 7 月初七日晚，宋太祖留石守信、王审琦等禁军武将晚宴。饮酒至酣，宋太祖以秘密亲切的语气，对石守信等低声说："我能当上天子，全靠你们出了大力，我非常感谢。然而你们哪里知道，当皇帝也难得很，弄得我天天睡不着。"石守信等不知是计，急忙问宋太祖还有什么难处。宋太祖说："这有什么不好理解，谁不想当皇帝？你们说，我的皇位能坐稳吗？"石守信等听话听音，吓出了一身冷汗，赶紧向宋太祖发誓表忠心："陛下当上皇帝，是天命，我们绝不会有异心。"宋太祖接着说："你们确实不会有异心。但是，你们想，谁能保证你们的部属，不会为了贪图富贵，将黄袍加在你身上，拥立你当皇帝？"石守信等一听，十分害怕，流着泪对宋太祖说："我们可没想到这一层，还望陛下给我们指一条出路。"宋太祖这才说出了早就想好的解除他们禁军职务的办法：人生在世，无非是贪图荣华富贵，为子孙造福，我为你们考虑，最好的办法是放弃军权，离开京城，到外地去当个闲官，享清福，买田买屋，留给子孙。这样，你们可以永保富贵，饮酒作乐，以终天年；如此，我同你们之间，也就用不着互相猜疑提防，可以上下相安。

石守信等听了宋太祖这番话，知道自己再也不能掌军权，当面向宋太祖称谢指点迷津之恩。第二天，武将们都称病，请求免去禁军重职。宋太祖立即批准了他们的请求，罢去了原职，改命石守信、高怀德、王审琦，张令铎、赵彦徽等为节度使，并对他

们加以重赏。从此，中央禁军的兵权，收归宋太祖直接掌管。

为了"安抚"被释去兵权的石守信等人，赵匡胤不但向他们赏赐了大量的钱财，而且表示要同他们结为亲戚，"约婚以示无间"。不久，太祖寡居在家的妹妹燕国长公主就嫁给了高怀德，女儿延庆公主、昭庆公主则分别下嫁石守信之子和王审琦之子。除年幼夭折的以外，太祖只有一妹三女，她们中竟有三位下嫁到了被释去兵权的禁军高级将领家，说明这种婚姻是有着强烈的政治色彩的。这不但使石守信等人在一失一得中获得了一种心理平衡，进而消除了"鸟尽弓藏，兔死狗烹"之类的疑惧，而且作为一种象征，也表明宋初皇帝与曾经拥立过皇帝的功臣宿将之间的矛盾也终于得到了较为圆满的解决。

中央禁军的兵权问题解决后，宋太祖又着手解决地方军队的兵权问题。他采取相同的办法，召王彦超等掌军权的藩镇入朝宴会。席间，宋太祖对他们说："你们都是功臣宿将，长期在地方忙于公务，很辛苦劳累，我对你们照顾关心不周，今后我要让你们少管事，多享福。"王彦超等心领神会，依照石守信等的做法，对宋太祖说："我们本来没有什么大功劳，全靠陛下提拔重用，如今老了，实在想告老归乡。"有的地方武将还在宋太祖面前陈说自己过去的战功，宋太祖不耐烦地说："那是前朝的事，有什么可说的。"第二天，各重要藩镇的将领，也多被解职。之后，主管地方军队的官职，也多由文官来充任。

"杯酒释兵权"这一策略，乃是古代政治领域中屡见不鲜的智谋之道。其核心在于通过巧妙建立并维系深厚的互信纽带，以此

来夯实政治领袖在军队内部的权威。此等手法，在中国战国纷争时期与古罗马帝国盛世均有所施展，且屡试不爽，成效卓著。然而，运用此术亦非毫无风险，唯有审慎权衡其利弊得失，方能最大限度地发挥其效用。

既要放权，又要懂得控权

　　绝对地看待问题是管理工作的大忌，就授权来说，把权力下放给下属，切不可做"甩手掌柜"，不管你对下属多么信任，在一些关键问题上该过问的一定要过问。

　　许多管理者常常会将信任与放任混为一谈。放任员工的后果是：不但把放权的成绩冲得一干二净，还会殃及整个企业。身为管理者不可不防！

　　宋太祖赵匡胤为了巩固统治，使赵宋王朝能够长治久安，采取了一系列加强专制主义中央集权的措施。

　　在古代中国，如果说能有对专制皇权起到一点制约作用的，那就是"一人之下，万人之上"的宰相，赵匡胤分化相权，降低宰相地位，更加突出皇权的高高在上。同时，对地方官吏的差遣，互相牵制，使他们无法在地方形成小势力。这样一来，上下相制，

机构重叠的官僚体制形成了。条条势力渠道通向皇宫，国家大权集于皇帝一身。从宋太祖开始，中国封建皇权走到了绝对化一端。

唐末五代以来，拥有重兵的藩镇，往往兼领数州，不但操纵地方军事，也操纵着地方的政权、财权。藩镇在财政来源、税收制度方面，自成一个不受中央管束的体制。即藩镇不但控制了国赋主要来源——两税（在农村征收的夏、秋二税），并通过征收过境商税和自营贸易，为它们军事上的专横跋扈提供了雄厚的物质基础。相反，中央财政则因州县上供财物日见减弱而虚竭。这就构成了"君弱臣强"的现象。

宋太祖把改革军事机构的原则和经验，应用到改革政治经济制度上来。自建隆 2 年（公元 961 年）开始，宋太祖陆续采取了果断而有成效的收回财权的措施：

首先，由中央直接派京官主持地方税收，不许藩镇亲吏插手。路设转运使，州委通判，管领诸州县财政。酒坊、盐场等国家专利单位，增设场务监官。以上官员均由中央直接差遣。

其次，明令地方财赋收入，除本地行政开支经费所需之外，其余全部输送京师，州县"不得占留"。

再次，限制州府官员私自贩卖牟利活动。

从此，地方财权收归中央。为了减少地方节镇的阻力，收回地方财权，宋太祖付出了一定的代价。他没有通过行政强迫的手段，而是采取像收兵权时尽量满足将帅物质需要的办法，即通过朝廷发"公使钱"给节镇大吏，供他们私人挥霍，以缓解矛盾。

在行政方面，为了加强皇权，扭转权力多中心的状况，宋太

祖对中央和地方官僚体制采取了一些改革和临时权变的措施。

首先是降低宰相威望，分割和制约宰相权力，宰相原来所占的要害部门或实权，被朝廷新任命的官吏所顶替，实际上是一种巧妙的剥夺后周旧臣实权的策略，只是保持了他们原来所享受的待遇，不使他们感到"震动"而已。差遣，或者三年一任，或者二年一任，具有临时性质。由于名义不正，在位不久，做官的人不安其位，缺乏长远的打算，从而防止了官员所到之处生根盘踞的可能。至于地方州郡长官，统统由文臣担任，不许武臣插手，长官之外另设"通判"（州副长官、有监督长官之权），使其互相牵制。

权力的收与放是一对矛盾体，收之过紧则扼杀创造性，放之过松则会造成局面的失控。管理者不仅要懂得放松，还要懂得怎样去做、放到何种程度。

高明的授权法是既要下放一定的权力给员工，又不能给他们以不受重视的感觉；既要检查督促员工的工作，又不能使员工感到有名无权。若想成为一名优秀的领导人，就必须深谙此道。